日本生物學專家的
物種辨識技巧大解密！

培養觀察眼，逐步探索圖鑑與生物鑑定的世界

須黑達巳／著　陳識中／譯

致台灣讀者

　　回憶就讀大學時為了採集蜘蛛而來到台灣，已是距今十年前的事了。那次與同樣研究蜘蛛的山崎健史先生兩人結伴的環島之旅，即使說是我這輩子最開心的外國旅行也不為過。那段每天拿著旅遊手冊，用彆腳的中文單字交流的時光；每當看到我們遇到困難就會熱心幫忙，用僅知的日文向我們搭話的當地人；便宜又美味的雞肉飯；租機車送的小小安全帽……。雖然只停留了短短十天左右，但我至今仍能清晰地憶起當時的景象。在地理距離上，台灣與日本的八重山群島十分相近，但我卻在台灣看到了很多日本看不到的生物。不知當時曾在旅途中給我們當過嚮導的那些東海大學學生們，現在都過得好不好呢。這些年我不止一次萌生「好想再去台灣走走」的念頭。

　　想不到，如今我的著作《物種辨識技巧大解密》竟有幸在那片充滿回憶的土地——台灣——翻譯出版。雖然我的研究專長是蜘蛛，但這些年也鑑定過各種各樣的昆蟲。而本書彙整了我對為什麼用圖鑑查找生物的種類如此困難，以及究竟該按何種步驟才能順利辨識出物種的思考和心得。雖然文內提到的生物和圖鑑都是日本特有，但這些方法對台灣的生物和圖鑑應同樣適用。本書中有一段提到：「認識在日本山野中所見生物的種名，就是在認識我們所居住的日本這片土地」。不用說，在我居住的日本山野中出現和看見的生物，跟台灣讀者們平時身邊所見的生物並不相同。在我的日常生活中，根本沒有機會尋找並辨識台灣原生生物。但是各位台灣的讀者們卻辦得到！當然，日本的自然環境也有日本獨有的好，但我其實非常羨慕住在台灣的各位讀

者。

　　一如本書第五章寫道，物種辨識是一種能直接品味這顆行星豐富的生物多樣性，令人心神雀躍的活動。儘管本書是為日本讀者所寫，有些地方讀起來可能比較吃力，不過若各位台灣的讀者願意稍為往下多翻幾頁，一起來思考物種辨識這門學問和娛樂，我定會喜出望外。閱讀本書，也許還會使你有機會去省思和觀察當我們在辨識生物時，自己的大腦究竟是如何運作的。此時此刻，我也一邊夢想著未來有天能收到台灣讀者對本書的感想，一邊對顯微鏡下的標本詢問──「你的名字」。

前 言

我喜歡生物，把自己的全部人生都投入在其中，但「喜歡生物」也有很多類型。比如喜歡生物的外型、喜歡生物的動態、喜歡吃生物、喜歡抓捕生物、喜歡認識生物的生態、喜歡用生物當題材來創作等等。不同的性格、特質、以及生物以外的嗜好，都會產生不同的喜歡方式。

而我的「喜歡」，則是一但「看上」某種生物，就「無論如何都想知道它叫什麼名字」。這種「非查出這傢伙叫什麼不可」的衝動，甚至已經可以算是一種疾病。就像電影《你的名字》」一樣。

調查自己眼前的自然物（但不限於自然物）以確定其名稱的工作叫做「物種辨識」。且不論擅不擅長，總之我非常喜歡辨識這種行為。然而，似乎有很多生物愛好者和研究者都對辨識這件事感到苦惱或不擅長。

而本書，就是專門針對那些覺得「物種辨識好難」的同好，以及曾苦惱不知該如何教導他人物種辨識的讀者，嘗試就「究竟怎麼做才能辨識出生物的種類」、「物種辨識時我們的大腦究竟是如何運轉的」這些問題，將我自己的想法和心得化為文字的產物。

若你想快點知道這本書到底值不值得你撥出寶貴的時間來閱讀，你可以先讀讀看第二章。

人類在看到不知其名的事物時，大腦會把那些東西當成「背景的一部分」來處理。即使刻意去關注，也很難把該事物的特徵等資訊添加到腦中。

雖然並非所有人皆如此，但至少對我個人來說「名字可以催化大腦認識事物」，且通過擔任自然觀察會的講師、小學理科教職的教學經驗，讓我愈發確信不是只有我是這麼想的。

舉個我自身的例子。我專攻的研究題目是一種叫「跳蛛」的蜘蛛，為了這門研究我常常要跑野外，使我自認對荒野有一定的掌握和了解。然後大約兩年前，我開始挑戰鑑定植物。

在早春等時節，野外仍遍地枯葉時，日本山林最醒目的花種當屬紫花地丁等堇菜屬家族。我聽說堇菜屬下有很多個種，於是實際到山裡去走了一趟，才發現「雖然紫花堇菜的數量最多，但除此之外還有茜堇菜，而那裡的是鳳凰堇菜，這一區則是 *Viola bissetii Maxim.*（註1）……」，一如字面意義見識到了「新世界」。

當然，我以前不是從來沒有在早春時節上過山。只是直到那一刻，過去還不知道名字時只被大腦囫圇歸類成「堇菜」的那些花朵，在我眼裡才突然一個一個有了自己的身分。

在《從興趣開始入門昆蟲學（暫譯，趣味からはじめる昆虫学）（熊澤辰德2016）》這本書中，這種感覺被稱為「認知解析度的提升」或「世界解析度的提升」。我認為這個形容非常貼切。

恰如這個比喻幫助我理解了自己腦中發生的複雜心理活動，「名字」也具有類似的力量。雖然客觀世界沒有任何改變，但透過認識個別事物的名字，也就是鑑定，「自己的主觀世界」卻能在瞬間變得更加豐富和美麗。

在辨識物種時，我們通常會對照「圖鑑」。相信會翻開本書的讀

1　日文俗名為「ナガバノスミレサイシン（長葉の菫細辛）」。

者應該都對大自然有興趣，並用圖鑑查過昆蟲、鳥類、植物等生物叫什麼名字吧。

　　然而，就像我自己也曾經歷過，不知大家是否也有過明明手裡拿著圖鑑對照，卻還是查不出眼前的玩意兒究竟是什麼的經驗呢？說不定這樣的經驗對某些人來說還是家常便飯。

早春時節點綴於枯槁林地上的菫菜家族。
上段從左到右分別是 *Viola bissetii Maxim.*（長葉の菫細辛）、*Viola keiskei Miq.*マルバスミレ（丸葉菫），下段由左至右是胡菫草、鳳凰菫菜。

　　不過，凡事皆有其因，我想只要稍微做點功課學習圖鑑的用法，也許就能改變這樣的現狀。另一方面，負責製作圖鑑的人也常常不小心遺忘「當菜鳥時的感覺」，不見得總能把圖鑑做得讓讀者一看就懂。

這種「咬合不正」的原因，我認為有以下幾種。

物種辨識有很多靠經驗累積的層面，要用語言解釋需要哪些技術和鑑定的流程非常麻煩，或者說很困難。因此會遇到「自己也說不上來到底自己是怎麼鑑別物種」的情況。還有，有時鑑定過程本身也會遇到沒辦法清楚告訴他人自己到底是觀察哪些東西來鑑別物種。不少圖鑑就是為了勉強把這些東西化成文字，結果寫出「讓人一頭霧水的說明」。

物種辨識這回事，到底是怎麼實現的呢？不論你是使用圖鑑的人也好，還是製作圖鑑的人也好，不妨透過本書一起從頭思考一遍。這便是我執筆本書的初衷。

我並不是想「說教」告訴你「聽好了，物種辨識應該這麼做」。一方面是我自己的能力也很有限，另一方面是因為我相信不論任何學問，精通它的不二法門唯有「自己深入思考」。而本書的目的，就是向大家分享「我是這麼想的，那麼你是怎麼想的呢？」，提供讀者一個思索的契機。

在本文中有很多刻意岔題的閒聊，希望這些題外話能助你一邊閱讀，一邊回想自己在觀察生物時是如何認識它們的。讀完後，若有讀者的「鑑定哲學」因此萌芽，改變了觀看或使用圖鑑的方式，以及觀察生物的角度，並再次把只用過幾次就放在書架上積灰的圖鑑拿出來用，將是我身為作者最大的榮幸。

不僅如此，若本書還能為圖鑑製作者產生一點點如何使圖鑑更易於使用的靈感，那就更是喜出望外了。

若用圖鑑「鑑定」生物使你多認識了一種生物，儘管非常微小，不過也代表你確實可比昨天的自己更清楚地看見這個世界。我衷心地

期盼這世上能有更多人享受到鑑定的樂趣，體驗世界變得更清晰的感覺。

目次

第 1 章　買了教材不代表你會拉小提琴

第 2 章　何謂觀察眼

第 3 章　從零開始鑑定蕨類

名字古怪的小矮人

　　Rumpelstilzchen是一個格林童話中登場的小矮妖。這名小妖精答應一名貧窮的少女,幫她用魔法把麥稈變成金子,以免被國王處死,不過要帶走她未來生的第一個孩子作為交換。但幾年後矮妖來索要約好的報酬時,如今已嫁給國王的女孩卻反悔了,哀求矮妖放她一馬。於是小矮人告訴女孩:「如果你能在三天內猜出我叫什麼名字,我就不帶走你的孩子」。眼看三天期限將盡,但全國的人都猜不中答案,小矮妖得意地在森林裡唱出自己的名字,沒想到卻被女孩的使者偷偷聽見,順利地說出矮妖的名字叫「Rumpelstilzchen」。本以為絕對不會被猜到的矮妖怒不可遏,竟當場把自己的身體撕成兩半⋯⋯。

　　儘管這則童話中矮妖的結局十分驚悚,但也側面顯示了對人類而言「知道名字」有多麼特殊的意義。

第 **1** 章

買了教材不代表
你會拉小提琴

雖然才剛開頭，但請各位先陪我聊個題外話。

以前我曾在某個電視節目一個名叫「超絕技巧特輯」的單元上，看過小提琴家演奏蒙蒂的「查爾達斯」和帕格尼尼的「24首隨想曲」。當時我心想，能用那麼快的速度自在地彈奏樂器，感覺肯定很愉快。此時，假設我也突然萌生想學小提琴的想法，去書店買了小提琴的教學本。而工欲善其事，必先利其器，所以自然也得買一把小提琴。好，既然萬事俱備，那就馬上開始拉吧！……然而，想當然我絕對不可能一下子就能自由自在地演奏。即使我仔細讀完了整本教材，甚至一字一句背下了整本書，學會怎麼拉出聲音，也不太可能就能彈奏自如。

這聽起來很理所當然，但我們為什麼沒辦法一下子就學會小提琴呢？同樣地，一個人不可能買了桌球教材就馬上打出超級旋球；不可能買了日本酒的書就馬上學會品酒。這究竟是為什麼呢？

相信很多人會認為背後的原因單純是「練習量不夠」吧。那麼，所謂的「練習」，究竟是在訓練什麼？

舉例來說，要做出棒球的打擊和拳擊的直拳等快速強力的動作，首先必須具備「強健的肉體」。這不是單純增加肌肉就好，還包含消除多餘的脂肪，提高關節柔軟度，提高循環系統的整體機能等等。而我想演奏小提琴（當然我完全是門外漢）也一樣，需要透過練習讓身體能夠長時間保持正確的彈奏姿勢，並正確地移動移動手臂或手指。

那麼，品酒的話呢？品酒的「練習」跟我們一般想像的「鍛鍊」不太一樣。硬要說的話，品酒或許的確需要鍛鍊一下肝功能，但決定品酒師能

力優劣的卻是「感官的精度」。專注品嚐各種品牌的味道和香氣，累積經驗，培養出能分辨出細微差異的「洗鍊味覺和嗅覺」，就是品酒的「練習」。可以說在老牌綜藝節目「一流藝人品鑑中」，登場來賓最常被考驗的就是這種「感覺的精度」（以及對於被公認為「好」的東西有多少認識等知識）。

　　但我提到品酒並不是要跟棒球和拳擊等做對比，相反地，體育運動也需要鍛鍊五感。我聽說美國曾有一位73歲的男子，在遮住眼睛的情況下連續投籃投進16次。這位男性擁有優秀的身體控制感，能非常精確地掌控自己的姿勢和動作，知道怎樣才能發揮出理想的表現。還有，在對戰類的競技中，若具備能瞬間察覺對手微小動作的洞察力，也就是不看漏任何微小情報的視覺能力，相信將是很大的優勢。而在音樂領域，有些人與生俱來就擁有優秀的直覺，也有些人是透過長時間的練習後天得到這些能力。

　　「提高感官的精度」，有人可能會覺得這句話只適用於志在成為頂尖的人，跟自己無緣，但其實絕對沒有那回事，我們所有人其實都在不知不覺中磨練著自己的感官。譬如當我們在嘈雜的馬路上聽到自己家人的聲音時，往往能瞬間認出那個聲音。這是因為雖然其他人分辨不出其中的差異，但當事人每天都在聽著自己家人的聲音，已在腦中建立清晰的形象，提高了對關鍵特徵的認識精度。我在小時候總能分辨出自家汽車的引擎聲和其他車子的差別，所以能在第一時間察覺「爸媽回來了！」。這對小孩子而言，是非常重要的危機管理能力（相信懂的讀者都明白我的意思）。

　　還有，像是在外人眼中完全相同的雙胞胎，在親人或好朋友眼裡卻能清楚分出誰是誰；或是我們總能在學校的失物招領箱中一眼認出自己的橡皮擦等等，你是不是也有過類似的經驗呢？被社會稱為「專家」或「大師」的人們的確擁有高於普通人的感官能力，但即便不是專家或大師，也同樣能「透過每天接觸某個事物或情境而變得有能力分辨細微差異」，代

表這應該是每個人都具備的潛力。

　　寫到這裡，我突然回想起已過世的祖母，在以前總能比家裡的任何人更能正確地聽出我「一邊咀嚼一邊講話時在說什麼」。因為我的祖母有耳背，平時就沒法聽見常人說話時的所有音節，因此磨練出了「從語調識別單字」的技術。這是我對這個現象的解釋。

　　好了，回到最初的問題「為什麼買了教材無法學會拉小提琴呢」。因為光用教材獲得「知識」，不會提高你的「本事」。要提升真本領，必須透過練習，建立所需的體能，並打磨你的感官能力。不過，這並不是說知識不重要。依循前人的心得和範本，認識自己沒有直接經驗過的事情，可助你在磨練自己的感官時用更短的時間取得相同的成果。我想這才是教科書和指導者扮演的角色。

　　我想前面所舉的例子，在某種程度上普遍適用於這世上絕大多數的事情。其中，「所需的體能」會隨你想學習的事物而異，但我認為鍛鍊感官對「精通」任何事物都是不可或缺的。而且任何人都有潛力鍛鍊出敏銳感官，不是超一流菁英專屬的特權。因為讀者在閱讀時很容易忘記這本書到底是想說什麼，所以請你再看一遍書名。《為什麼看著圖鑑還是叫不出名字？》(日文原書名)。好，聊完了前面一大串題外話後，我們現在終於要進入本書的主題——物種辨識。沒錯，圖鑑也跟教材一樣，不是「買了之後就能讓你馬上學會辨識生物」的東西。

鑑別生物的本事

　　以上說法有人聽了可能會不服氣。畢竟能否辨認一種生物，不就單純

是「知道或不知道」的問題而已嗎？只要能在圖鑑上找到該生物的種類，不就能知道那是什麼生物了嗎？因為圖鑑就像字典一樣，只要按照生物的特徵查找圖鑑，任何人都能查出該生物的真實身分；只要背下相關知識，理論上就算在野外也能認出來才對。然而，雖然說圖鑑就像字典這點大體上並沒有錯，但說任何人都能用圖鑑查出生物的種類，就是一大誤區了。

就用字典來比喻。我想正在閱讀本書的各位，應該都有能力隨心所欲地使用國語字典吧？換言之，相信各位都有能力毫無困難地找到想找的單字，並從詞條理解那個詞的完整含義。不過，若是要你用印地語字典查「कबूतर」這個單字呢？當然，不可以在google搜尋複製貼上，而是要用實體字典來查。可以想像會非常困難對吧。這是為什麼？

原因是「我們並不認得印地語的單字」。在不熟悉的人看來，印地語的字母每個長得都差不多，就連從哪裡到哪裡算一個字母都搞不清楚。儘管也不能否定你隨手翻了幾頁，就奇蹟似地剛好發現形狀非常相似的單字，不過那也可能真的只是長得很像的單字，實際上根本不是同一個詞。假如你手上的資料跟字典上的印刷字體不一樣，那就更難辨別了。順帶一提，「कबूतर」是由「क बू त र」這四個字母組成的，按google翻譯的結果發音是「kabootar」，是「鴿子」的意思（我也是現在才知道）。而就像我們日本人不會用印地語字典，在外國人眼中，漢字和平假名可能也「每個都長得差不多」。若不能確實分辨「ぬ（nu）」和「ね（ne）」、「さ（sa）」和「き（ki）」的不同，就無法隨心所欲地使用日語字典。

回到圖鑑的話題。使用圖鑑查找不認識的生物，難度就跟分不出「ぬ」和「ね」卻想用日語字典查單字差不多。換言之，你根本無法確實辨認生物的特徵，不具備足以辨識生物外形的觀察力。這不是在貶低你，

因為我們所有人都一樣。俗話說百聞不如一見，就馬上來親身體驗一下吧。以下以我的研究主題──跳蛛為例。

　　請你試著從以下照片的六種蜘蛛中，選出跟最上方虛線中同一個屬的個體（所謂的「屬」，就是一種由相近的種組成的團體。同屬的意思，就是指它們的親緣關係很接近。詳細請參閱p.24）。

圖 1-1

正確答案是最右下方那隻。順帶一提，虛線圈起來的是 *Chinattus ogatai*（シロスジカノコハエトリ），右下角的則是叉狀華蛛（*Chinattus furcatus*），兩者都是我命名的。事實上，不只是我，在經過一定程度跳蛛辨識訓練的人眼中，都是「一眼就知道是右下角。因為外形長得完全一樣」，絲毫不會感到猶疑。

那麼再來一題。

下列五隻跳蛛中，只有一隻跟其他隻不同屬。請問是哪隻呢？

圖1-2

這題也一樣，在我看來，只有一隻的外形跟其他截然不同。我把正確答案放在p.21，不過這裡先給點提示：這裡面有一隻跳蛛的頭形跟其他隻

完全不同。

　　如果這兩個問題難倒了各位，就代表一切「符合我的預期」。此時你也許在心想「這作者怎麼這個惡劣」（雖然實際上的確很惡劣），但透過這些例子，不知你是否已經明白我想表達什麼了？沒錯，那就是我們在觀察事物時，注意力非常容易被顏色和紋路吸引。而且，當遇到無法靠顏色或紋路區別的情形，比如只能靠形狀來分辨的場合，人們很難第一次就找出該事物的特徵。這就是我說「你缺乏足以辨識生物外形之觀察力」的意思。

　　在尚不具備觀察力的狀態下去查閱圖鑑，就像是剛剛印地語字典的例子。你以為「應該就是這個」的東西，往往實際上根本是另外一種東西。如果無法正確地捕捉物種的特徵，那就算在圖鑑上恰好翻到一個感覺「就是這個！」的圖片，十之八九也是另一個八竿子打不著關係的物種。我在小時候還分不出日文的「玩（遊ぶ）」和「選（選ぶ）」這兩個字的時候，每次看哥哥玩棒球遊戲（記得是「家庭棒球系列」的某一代）時，都誤把「請點選選單」這段文字看成「請玩選單」。因為我只看到了「遊」和「選」這兩個字「形狀長得像購物車，筆畫都很多」的共通點，所以才把它們看成了同一個字。

　　我們在查詢物種名稱時，也正是遇到同樣的困境。要想正確使用圖鑑，就必須先正確地抓住眼前的生物，以及圖鑑上的插畫或照片中的特徵。查出物種名稱所需的「本事」，就是「能正確捕捉特徵的觀察力」。圖鑑這項工具凝聚了堪稱前人努力結晶的龐大知識。然而，不論圖鑑怎麼告訴你「請用這些特徵來區分」，若使用者沒有足夠的本事，也就是「觀察眼」的話，就無法自如地用好圖鑑。而儘管可能存在一部分例外的天才，不過基本上所有人在剛開始都不具備這種能力。

　　包括現在講蜘蛛講得頭頭是道、不停自吹自擂的我，在剛投入研究時

也完全沒有觀察力，成天鬧烏龍。即便蜘蛛研究領域的前輩告訴我「這兩種的外形全完不一樣」，我也只能暗自苦惱「根本看不出哪裡不同，不如說這都能看出差異也太噁心了吧……」。然而，在觀察力漸漸培養起來之後，我才發現就像前輩所言，可以清楚看出兩者外形的差異。不論是鳥類、植物、昆蟲、還是魚類，對於任何一種生物（不，包含非生物也是），在剛開始鑽研時，有很多不明白的地方是理所當然的。必須從零開始培養真本事，也就是「養成觀察力」。

那麼，所謂的「觀察力」究竟是什麼，又該如何才能練出「觀察眼」呢？這點就讓我們到下一章來解答吧。

第二題的答案　　左上角那隻（只有左上是蠅蛛屬（*Harmochirus*），其他則屬於西菱頭蛛（*Sibianor*）家族）。只有左上那隻「眼睛特別凸」。

幼兒的認知歷程

我有個現在剛開始學話的兩歲兒子。兩歲幼童的認知能力還沒有發育完全，所以常常會遇到「把不同東西混淆在一起」的情境。

在我兒子學習單詞的過程中，剛學會叫祖父「阿公」時，祖父（我岳父）曾樂得手舞足蹈，但後來才發現他把所有六十歲以上的男性都叫「阿公」。當然，這有一部分可解釋為因為小孩子還不知道「先生」這個泛用的男性稱呼。

但除此之外，比如我教我兒子一根手指叫「一」，兩根手指叫「二」，五根手指叫「五」，接著隨機伸出幾根手指，問他這是多少時，儘管一根手指時的答對機率很高，但兩根手指和五根手指卻有時對有時錯，或是直接回答「不知道」，無法正確回答。我推測這是因為小孩子只能把兩根手指以上的情境籠統地認識成「很多手指」。順帶一提，我兒子現在已經會比「一」和「布」的手勢，卻還不會比「Yeah」，這點或許也與此有關。

而在聲音的部分也有同樣的案例。他最剛開始學話時，都是在模仿覆述周圍大人說的單詞，於是我試著隨便說幾個單詞讓他覆述，結果他常常把「Napori（拿坡里）」唸成「Natori」，把「Patoka（巡邏車）」唸成「Pakota」，唸成似是而非的發音。其實他不是發不出「po」、「to」、「ka」這些音，只是沒辦法正確地區分這些「聽起來有點像的音」。相信在未來聽、說更多單詞後，他會漸漸地能夠正確發出這些音吧。

順帶一提，雖然我和我妻子都能理解我兒子說的話，但祖父母和其他大人卻常常聽不懂他在說什麼，這個現象也相當耐人尋味。我猜想這是因為身為父母的我們在面對自己的小孩時，會發揮出比較高的觀察能力，同時根據當下的情境去推理他的意思。

生物的分類階級

生物分類的基本單位是「種（species）」。「青鳳蝶」、「亞洲黑熊」、「阿拉伯婆婆納」……地球上存在著各式各樣的生物種，而為了整理這些物種親緣關係，創造了一套具階層的分類系統。

親緣關係相近的種歸類為同一「屬」，相近的屬則歸類為同一「科」，再往上還有「目」、「綱」、「門」、「界」。

以青鳳蝶為例，其完整的科學分類，依序是「動物界 節肢動物門 昆蟲綱 鱗翅目 鳳蝶科 青鳳蝶屬 青鳳蝶」。就像住址一樣，可以一層層往下查找。

以此為基礎，有些時候生物學家甚至還會在中間插入特殊的階層。例如「脊索動物門」下有海鞘綱、尾海鞘綱、軟骨魚綱、硬骨魚綱（其他還有更多）等綱，但後來生物學家發現「海鞘綱和尾海鞘綱親緣關係非常近，且軟骨魚綱和硬骨魚綱的親緣關係也很近」，便在門下增設「亞門」這個階層，將海鞘綱和尾海鞘綱歸入「被囊動物亞門」，將軟骨魚綱和硬骨魚綱歸入「脊椎動物亞門」。

而像「哺乳類」的「類」這種常見的詞彙，則不屬於任何一種分類階層，純粹是指涉「屬於～家族」這種籠統的用法，不對應屬、科、目任何一層。

在語感上，如果說分類階級的「科」是一間公司的名字，而「類」就像是在說某某生物「是那間公司的員工」吧。就好比本書的責編永瀨先生雖是「Beret出版社的員工」，但不是「Beret

出版社」。同理，說「人類是哺乳類」沒什麼問題，但說「人類是哺乳綱」聽起來就會有點奇怪（不過可以說「人類屬於哺乳綱」）。

第 **2** 章

何謂觀察眼

哪些是蚊科

夏季的黃昏，以及跟親朋好友外出露營烤肉時，不管再怎麼炎熱，都不可以只穿一件無袖襯衫加短褲和拖鞋，否則會有什麼下場，相信大家都很清楚。儘管不是所有地方皆如此，但通常會讓人想去露營的場所，特別是鄰近水邊的地方，幾乎100%會有蚊子。我想生在日本，應該沒有人不認識、沒看過蚊子吧。而且其中幾乎100%的人都不喜歡蚊子。

那麼，請問你知道下面的照片中，哪一隻是蚊子嗎？

這張照片中，其實只有一隻是蚊子——也就是「屬於雙翅目蚊科的昆

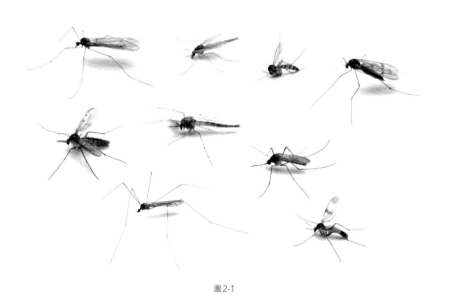

圖2-1

蟲」。其他的都是雙翅目中屬於其他科的遠親。不同「科」，以我們智人為例，就像是智人和長臂猿的差距。

我對身邊十個不懂昆蟲的人問過同樣的問題，結果沒有一個人猜中正確答案。可見就算是如此常見的昆蟲，一般人也很難正確地辨識它們的外形。

話雖如此，只要經過足夠的訓練，這種程度的問題根本難不倒任何人。而且所謂的訓練也不是什麼大不了的事，就只是「理解蚊科的特徵，並認真比較蚊科跟其他科生物的差異」罷了。那就讓我們稍微練習一下吧。如果你對昆蟲很熟悉，可以毫無困難地選出哪隻是蚊子的話，下面的內容可能會比較無聊，對你沒什麼幫助，所以請找個「不熟悉昆蟲的朋友」，考考他這個問題，然後請他陪你一起做下面的練習吧。相信透過下面的練習，你會更加了解我們的大腦究竟是如何辨識事物的。

怎樣算蚊科

大家對蚊子的認知有哪些呢？比如夏天很常見、傍晚特別多、水邊也很多等等，相信大家都能從自己的過往經驗聯想到不少才對。但其中最關鍵的特徵，應該是「會吸血」這件事。這項許多人最討厭的性質，很好地定義了蚊子應有的外形。蚊子是一種：①嘴巴像針一樣非常細長，會把口器刺進動物的皮膚吸血的動物。所以口器的形狀是一大提示，基本上只要看看口器就能判斷這隻生物是不是蚊子，百發百中（雖然只有雌蚊會吸血，但雄蚊也有一樣的口器）。

除此之外，假如要辨識的對象是活體，那麼也可以從對象的落地姿勢

辨認。幾乎所有蚊子停在地上時②兩片翅膀會交疊在一起，且③通常會翹起後肢。②、③都是姿勢上的特徵，所以有時可能不完全吻合。「通常」等用詞是圖鑑上常用的表現，可以當成輔助性的證據。

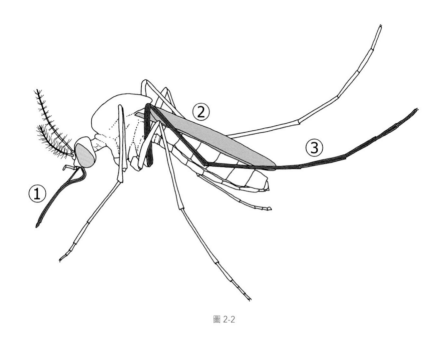

圖 2-2

嚴格來說，圖2-2①中的橘色部分叫做「下唇」，實際上用來吸血是包在下唇內側的細長口吻，但因為下唇比較容易看見，所以為便利起見，把它稱為「口器」。

不過實際上，光靠這三個特徵還不能100%精準判斷，必須再加上其他細微的特徵。然而，用這三項當判斷標準已十分夠用了。那麼，下面請仔細檢查①～③的特徵，猜猜下面兩隻昆蟲哪隻是蚊子吧。這次請不要憑感覺，確實列出答案。

圖 2-3

　　正確答案是右邊那隻（左邊的是搖蚊科）。長針狀的嘴巴、交疊的翅膀、抬起的後肢都是證據。蚊子的口器是從頭部下面伸出的那根，而頭部前方從上面伸出的是觸角（昆蟲用來感受氣味和震動的器官）。

　　那麼下一題。請問下面四隻昆蟲中，哪一隻是蚊子呢？

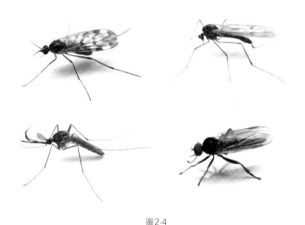

圖 2-4

　　正確答案是左下那隻（左上是偽大蚊科，右下是駝舞虻科）。右下看起來可能有點像，但右下的口器並不算長，後肢也沒有翹起。

　　前面讓各位練習的是「運用文字述敘的特徵來辨識實物」。接下來則

相反，要請大家「從實物找出特徵，然後用表達成文字」。例如下面的照片，相信沒有人會分不出哪隻是蚊子對吧。

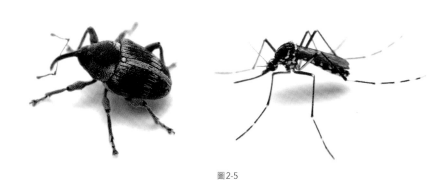

圖2-5

答案是右邊（左邊是象鼻蟲的一種）。這題應該不需要想太多就能選出答案才對。那麼，這裡我要反過來請你思考一下，為什麼你會認為這兩隻蟲「不一樣」呢？請盡可能列出所有你覺得它們不同的地方。列舉時，請不要只寫「○○不同」，而是清楚寫出「左邊的○○是這樣，而右邊的那樣」。

左	右
身體是圓的、沒有翅膀？紋路偏黃色、腳比較粗壯……。	身體細長、有明顯的翅膀、紋路是黑白色、腳很瘦弱……。

也許有人還找到了更多不同處。除此之外，像是「長得很笨重」、「長得很俐落」、「很流線」、「看起來很沒自信」、「看起來很聰明」、「感覺很像○○」等等他人可能無法理解的表現也完全無妨。原則上寫得愈多愈好。這其實是培養「鑑定眼光」的重要訓練。

接下來，讓我們稍微提高難度。請問下面哪隻是蚊子呢？

圖2-6

　　這兩隻都有針一樣的口器，翅膀也是疊合的。雖然左邊那隻的後腳有翹起來，而右邊的沒有，但這項特徵存在例外，不能當成關鍵性質。換言之，光靠這三項特徵仍不足以正確判斷。這下可傷腦筋了，該怎麼辦才好呢。

你已經有觀察眼了

　　然而，大家讀到這裡已經「有意識地」專心看過好幾張蚊子的照片，腦中已開始形成「蚊子的理型」和「辨識出蚊子的觀察眼」。你的直覺是不是已經開始告訴你「應該是這邊吧？」了呢。至於還是猜不出來的人，以及完全分不出差別的人，在跳到下一段看解答前，請先按照下面的方法試試看。如同前面象鼻蟲的那題，請你試著列出這兩隻蟲的不同之處。列

出很多點也沒關係。寫完後再翻回前幾頁，比較一下2-2～2-5中已經確定是蚊子的那幾隻，看看圖2-6的左右兩隻哪隻的特徵更加符合。訣竅是不要被顏色和紋路欺騙，把焦點放在外形上。

你看出來了嗎？答案是左邊那隻。右邊的是沼大蚊科家族的成員，它們的身體更加纖細，腳也比蚊科更長。你也可以用「弱不經風」、「長得像蜘蛛」來形容，每個人描述方式不一樣無所謂。就像這樣先用文字和語言轉換，然後再「仔細比較」，多練習幾次後，各位的觀察力就會明顯提升。

那麼，讓我們再回頭挑戰一次本章開頭的圖2-1吧。正確答案寫在p.43。如果你能不假思索地就看出「是這隻」的話自然最好，但就算不能，仔細觀察特徵後再找出答案也是非常大的進步。事實上，「觀察眼」的成長速度會有個人差異。其中一部分是先天的天分差異，另一方面若你以前就有辨識昆蟲以外的其他事物之經驗，那你的觀察眼也會比其他人更成熟。如果你發現自己依然分不太出來，那就再多練習幾次，最後一定會有所成長。另外，根據我個人的經驗，通常努力練習後，不會當天就看到成果，反而是在隔天辨識能力大幅提升。

一旦觀察能力提高，就能在看到對象的瞬間，完全不用思考便輕鬆認出蚊子這種常見的物種。這種感覺就好像在看見家人的臉時，你不會去想「這個人的眼睛寬度很窄、鼻子較高、下巴較細，所以是我爸」。而是在看到的瞬間就認出這是爸爸。同樣地，觀察力提升，你也能在看到的瞬間就認出哪個是蚊子。當然，要進一步判別那是哪種蚊子，還需要經過更高度的訓練。

為了幫大家進一步提升實力，下面又準備了兩道題目。請盡量以不用思索就選出答案為目標，試著訓練自己養成「鑑別蚊子的觀察眼」（答案在p.43）。一旦練出那樣的眼力，以後你在休閒時看到小飛蟲時，就能毫無困難在立即判斷出它「是不是蚊子」。如此一來，或許就能減少不吸血的無害飛蟲慘遭殺害。不過話說回來，就算練出了觀察眼，最後也會發現「到頭來停在人體上的十之八九都是蚊子」。

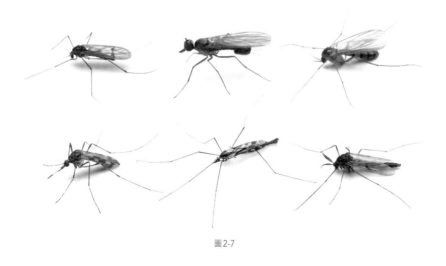

圖2-7

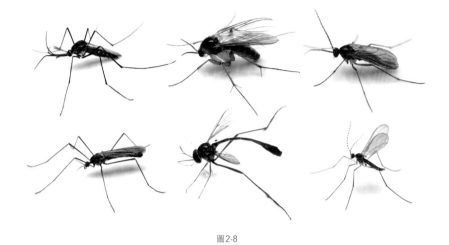

圖2-8

鑑別動作的眼力

　　我第一次明確感覺到自己「已經擁有觀察眼」，其實不是在辨識生物的時候，而是玩遊戲的時候。

　　在我大學生涯的某段時期，曾中毒般地迷上「東方 Project」這款射擊遊戲。這款遊戲雖然叫射擊遊戲，但其實屬於俗稱「彈幕射擊」的類別，玩法的核心不是射擊敵人，而是「閃躲」敵機放出的大量以各種軌跡和幾何圖案飛來的子彈。如果以前沒有玩過類似的遊戲，很容易就會被無數的子彈和令人眼花撩亂的動態所淹沒，毫無還擊之力地兩、三下失去所有生命。但在反覆練習之後，我便能看清子彈的軌跡，並發現哪裡是安全區域，愈來愈不容易被子彈射中。

　　此時，我感覺自己「變得能夠看見所有子彈」，而我認為那就跟本書說的「建立觀察眼」、「能看見外形的觀察力」是一樣的東西。只不過在遊戲中我練成的不是「辨識外形的眼力」，而是「辨識動態的眼力」。

　　順帶一提，儘管只有內行人才聽得懂，但我當時沉迷該系列之深，不僅從紅魔鄉到星蓮船都玩過，妖精大戰爭甚至連 Extra 都全破了。在巔峰期時，甚至連街上的人潮、大馬路上的車流、天空的鳥群都能看成彈幕，並下意識地思考「要站在哪裡才不會被打中」。

哪種鳥會「Ho~Hokekew」叫？

　　說起日本最家喻戶曉的鳥叫聲，除了烏鴉的「嘎—嘎—」之外，多數人第一個想到的就是「Ho~Hokekew」。這個叫聲的主人就是日本人都認識的日本樹鶯。日本的樹林中常常能聽到牠們的叫聲，且不少人都能從這個叫聲聯想起牠們正確的模樣。但在日本樹鶯活動力最強的早春時節，還有另一種十分常見、名為日菲繡眼的黃綠色鳥類也會發出類似的叫聲，經常被人們認錯。不同於那種在春山裡迴響的華雅鳴叫，日本樹鶯的外貌十分樸素，因此野外可以找到很多顏色與牠們相似的鳥類。

　　你知道下面的照片中，哪一張是日本樹鶯嗎？

圖2-9　（由小田谷嘉彌先生拍攝）

38

這四張照片都是我的大學同學，現職我孫子市鳥類博物館學藝員的小田谷嘉彌先生提供的。這是他獲得許可去野外調查捕捉樣本時拍下的照片。其中右上角的日本樹鶯，左上則是勘察加柳鶯，左下是東方大葦鶯，右下是北蝗鶯。

　　其實這四種鳥類以前都被歸類在「樹鶯科」，但後來研究過牠們的遺傳學關係後，又將牠們各自分到了不同的科去（依序是樹鶯科、柳鶯科、葦鶯科、蝗鶯科）。在不熟悉鳥類的情況下第一次看到這幾張照片，應該大多數的人都會覺得牠們長得非常相似才對。那麼，這次就讓我們以這些「曾經同屬樹鶯科的鳥類」為題材，一起來培養觀察眼吧。

　　前面的照片中，我認為長得跟日本樹鶯最像的是左上的勘察加柳鶯。我向小田谷先生請教可從哪些特徵區分樹鶯跟柳鶯後，他告訴我：

- 柳鶯的嘴喙比較細。
- 柳鶯的眉斑（眼睛上方像眉毛一樣的白色紋路）比較明顯。
- 樹鶯的尾羽比較長。
- 樹鶯的翅膀羽毛邊緣偏紅色，背部和翅膀的顏色不太一樣。
- 樹鶯的翅膀較圓且短。（所以，柳鶯的飛翔羽中凸出的初級飛羽比樹鶯的更長）

　　我在聽到後半段時，不禁有種「能不能請你說點我聽得懂的話？」的感覺（這也難怪，因為他已經有鳥類的觀察眼，而我還沒有）。後來把他給我的照片排在桌上仔細對照後，我才漸漸看出牠們的長相差異。因為柳鶯的尾巴更長這點比較容易理解，所以我把重點放在臉的部分。

圖2-10　（由小田谷嘉彌先生拍攝）

　　左邊是勘察加柳鶯，右邊是日本樹鶯。一如小田谷先生說的，樹鶯的
眉斑線條的確比較模糊一些。至於柳鶯嘴喙更細這點我其實看不太出來，
但確實感覺「樹鶯的頭形更圓潤，而柳鶯的頭形比較尖」。我想這就跟人
類的化妝一樣，一部分是眉斑造成的感覺（說起來，在普遍擁有大眼睛的跳蛛家

族中，有種叫環足擬蠅虎（*Plexippus annulipedis*）的跳蛛因眼睛周圍的細毛而看起來有「鳳眼」）。還有，或許是因為嘴喙淡色部分的形狀所致，樹鶯的嘴看起來更偏「ㄟ」形，表情看起來有種「唉，真拿你沒辦法」的感覺；另一方面，柳鶯的表情則更像在說「不行，規定就是規定」。

不知在大家眼中看起來又是什麼樣子呢？小田谷先生給的都是正式的區分法，而我說的則是我個人的印象，所以大家不一定要按我的方式來區分。請自己仔細比較，試著找出你覺得不一樣的地方。

好了，相信大家都已經仔細看過了吧。那麼接下來請翻回圖2-9。東方大葦鶯和北蝗鶯是不是看起來跟日本樹鶯長得完全不一樣了呢？在努力比較過日本樹鶯和勘察加柳鶯後，你應該會覺得另外兩種鳥類「一點都不像樹鶯」。這種「直覺認為兩者明顯不是同一種東西」的感覺，就是我所說的「具備觀察眼」。如果在你眼中，日本樹鶯和勘察加柳鶯也「完全不一樣」，那代表你的觀察眼已經比我更加爐火純青了。我到現在還是分不太出這兩種鳥的差別。

另外，若比較這四種鳥類跟人手的大小，會發現牠們的體型也完全不同。從不同角度觀察實物，理論上可以發現更多線索，所以親眼比較實物的訓練效果，會比單看照片好得多。

我跟本回提供協助的小田谷先生一起去過野外好幾次，但從五歲就開始接觸鳥類的他觀察力（和聽力）實在太過敏銳，所以有時我根本跟不上他的話題。不過，他讓我看到了這世上真的每個人認識世界的方式都截然不同，真的非常有趣，稱得上是一種痛快。他就是這麼一位良師益友，雖然車子真的很髒。

該怎樣養成觀察眼

　　來整理一下本章我們做過的練習吧。首先我們以蚊子為例，教你先用
「圖片和語言」描述特徵，輸入知識。接著仔細觀察，從實際樣本找出對
象的特徵。然後，我們再一次仔細觀察，但這次是要把自己發現的特徵化
為言語。在這個過程中，你會逐漸養成「辨識出蚊子的眼力」，最後再透
過反覆鑑別蚊子的練習，更加鞏固你的「觀察眼」。原本只要到野外觀
察，就能自然在看過許多個體後培養出這樣的眼力，不需要刻意去做練
習。而日本樹鶯的那道練習雖然簡化了這個流程，不過基本上過程是相同
的。

　　人類的眼睛非常厲害，即使一開始無法分出不同，但在多接觸幾次後
就會逐漸捕捉到許多新的訊息。以蚊子的例子來說，除了我提供的那三種
特徵外，多練習後你還會自己發現圓滾小巧的頭部、相當於手肘或膝蓋的
部分習慣貼在地面、整體的肢體比例等等難以用言語表達的「蚊性」特
徵。鑑別這些特徵的眼力往往是在不知不覺間形成的。我所說的「觀察
眼」，其實就是「能從觀察對象上發現更多訊息，意識到樣本之間的差
異」。善於觀察生物的人，除了善於用言語描述生物的特徵外，也善於從
廣大的觀察範圍中精準找出關鍵的資訊。

　　賞鳥愛好者的圈子裡有個行話叫「Jizz」。這個詞的大意是指賞鳥者將
自己對觀察標的的整體認識濃縮成一種「氣質」。具體的要素有外形、姿
勢、大小、顏色、紋路、動作、叫聲、乃至棲息環境等等。賞鳥者會把這
些資訊在腦中統合成一種類似「○○性」的概念。經驗愈豐富的賞鳥者，
就愈能從各種線索來判斷那是什麼鳥。

　　事實上這種直覺不只存在於賞鳥圈，只要去聽聽兩個同樣都熟知某種

特定生物的同好之間的對話，就會發現他們也擁有同樣的直覺。而要培養出那樣的直覺，除了仔細觀察外，相信最重要的就是累積觀察經驗。

雖然要達到那樣的境界並不容易，但只要在某種程度上養成這種「觀察眼（有時也可能是耳或鼻）」，你就會開始對圖鑑上所寫的內容產生「原來如此，的確是這樣」的共鳴。在明白這個道理後，相信你未來面對圖鑑的內容感到「一頭霧水」時，應能馬上意識到「原來如此，看來我需要再培養一下觀察力」了吧。

我猜看到這裡有些讀者可能會開始抱怨「那是因為你本來就『看得懂』才說得出那種話！你根本不明白看不懂的人的辛苦……」。沒錯，前面所舉的基本上都是我多少有些研究的生物。所以從下一章開始，我將跟各位一樣以菜鳥的身分，挑戰我自己也完全一竅不通的「蕨類植物」，並用稍長的篇幅介紹一下我的挑戰歷程。

蚊子的解答　圖2-1：右下角往上第二隻
　　　　　　　圖2-7：左下
　　　　　　　圖2-8：左上

鑑別明朝體的眼力

本章所用的練習不只適用於生物。譬如「鑑定愛馬仕名牌包是不是正品」或「從眾多顧客中找出可能是小偷的人」等等，這世上存在許多不同種類的「鑑定專業」。

現在，這本書的原稿是用 Word 的「游明朝」字體所打的（實際印成書後應該是用別的字體）。「游明朝」只是「明朝體」家族的成員之一，這個家族中還有很多其他字體，而平面設計師對每種字體的特性都瞭若指掌，所以很清楚何時該用哪種字體。例如，我的電腦在剛買回來時就裝有「MS 明朝」這種明朝體。

花鳥風月

花鳥風月

上圖中的左邊是游明朝，右邊是 MS 明朝。你也許會覺得「咦！這兩個不是一模一樣嗎！」。確實，明朝體的漢字長得都非常相似。然而，如果睜大眼睛仔細看，若光看這兩者，會發現它們有個明顯的不同之處。

縱線的收尾處，也就是紅圈圈起的部分，MS 明朝體是被切斷狀的斜面，而游明朝則是圓的。

花 花
鳥 鳥

只要知道了這點，理論上下面的問題也難不倒你。在下面這四個字中，只有一個字是 MS 明朝體，請問是哪個字呢？

答案是「願」字。另外選這四個字沒有什麼特別的用意。不過，就算你知道這一題的答案，也純粹只是「知道」而已，仍不代表你「擁有觀察眼」。累積更多觀察經驗後，你將會注意到更多的不同，像是點的形狀與大小、勾的強度、文字整體的空間分布、曲線的模樣等等，以及這些要素賦予字體的軟硬度、銳利度、力量感、重量感等，直到這個境界，你才可以說是「擁有明朝體的觀察眼」。

增
刷
祈
願

大師們的直覺

　　如同賞鳥人的例子，可藉著反覆觀察提高精準度的不只有視覺。叫聲雖然是最能展現動物個性的特徵，但有些人甚至能用「振翅聲」來辨別生物。

　　前陣子我在刷推特的時候，偶然間注意到鍬形蟲研究者後藤寬貴先生的一則推文。他分享自己在跟研究獨角仙的本鄉儀人先生一起在夜間調查獨角仙時，發現本鄉先生竟然能分辨雌雄獨角仙振翅的聲音，知道「有隻雄蟲正朝我們飛來」、「那邊有隻雌蟲在飛」。而且還能從很遠的距離聽出差異，令他大感震驚。很不巧地，我沒有機會向本鄉先生本人進行詳細的專訪，但我認為這也同樣是仔細的觀察和大量的經驗累積所養成的洞察能力。

　　以前我曾在從石垣島搭機返回東京的路上，巧遇了以拍攝西表山貓聞名的知名攝影師橫塚真己人先生。當時他曾告訴我「在野外拍攝哺乳類的時候，最重要的是嗅覺」。換言之，因為每種哺乳類的氣味都不相同，所以橫塚先生會利用氣味來追蹤牠們。一旦在倒木或岩石形成的洞窟處聞到野獸的氣味，他就會在附近守夜看看那個氣味來自何種動物，因此漸漸記住了豪豬和穿山甲等各種哺乳類的氣味。此外像是住在樹上的紅毛猩猩等動物，因為很難在地面發現牠們的蹤跡，所以橫塚先生會利用尿液等氣味來尋找牠們。儘管用氣味來辨識生物只是一種「直覺」，但據本人來說卻是「幾乎百發百中的『直覺』」，我聽了之後敬佩到全身都起雞皮疙瘩。

而植物圖鑑上也常常會把「觸摸時的質感」當成特徵，另外雖不能像神農嚐百草那樣，但對確定安全無毒的物種，品嚐果實和葉子的「味道」也能得到很有用的情報。畢竟人類之所以食用各種水果和蔬菜，除了營養均衡的目的外，更根本的原因其實是「想嚐嚐看各種味道」。從一種植物的味道是甜是苦，也可以推理出該植物的生存戰略。

　　在東京大學的小石川植物園研究植物的碩士生宮本通先生，以前在跟我一起去野外做田野調查，曾教導我「依靠物理方法防禦敵人的植物，由於比較沒有防禦性的化學物質，因此有幾種的味道嚐起來很好吃」。例如山菜之王遼東楤木的尖刺，還有白背芒和赤竹堅硬到能割傷手的葉緣，都是藉由累積矽酸而形成的物理性防禦。實際上，植物葉子所含的矽酸量與化學防禦物質苯酚和單寧含量成反比。換言之，有研究顯示它們是「魚與熊掌不可兼得」的關係（Cooke & Leishman, 2012）。當然也存在少數例外，但原則上的確合乎道理。

　　宮本先生當時一邊解釋「所以嫩竹葉其實很好吃」，一邊摘下赤竹的新芽放進口裡嚼了起來。可謂是「五感」並用投入觀察的模範。

第 **3** 章

從零開始

鑑定蕨類

別只看繁花

　　除了研究者等職業外，一般人看到生物後會萌生「查查看這叫什麼名字」，想必原因大多是覺得「這好漂亮」吧。雖然鳥類或蝴蝶等生物也很常見，但要論能近距離觀賞，而且不會逃也不會躲，自然觀賞界中人氣最鐵打不動的主角，那定然就是「花」了。

　　人類自古以來就喜愛繁花。人們會用花裝飾、送花當禮物、為各種類的花賦予意義、以它們為主題創作繪畫等藝術作品，與花相關的文化根植於世界各地的文明。一如大家所知，在日本，與花有關的文化更是不勝枚舉。

　　日本人對花的關心，單從詞語的多樣性便可窺見一斑。例如，雖然日本棲息著超過一千種以上的蜘蛛，但絕大多數的日文俗名都是簡單的「○○蜘蛛」。另一方面，花的俗名卻有非常多是「紫陽花」、「百合」、「櫻」這種「專門為了稱呼那種花而創造的單詞」。在古時候，人類通常是因為有區分指涉的需要才會去創造新詞，而像這樣「認識各種不同的名字」，也是植物觀察的醍醐味之一。

　　相較於這些如字面意義般華麗的植物，蕨類植物就顯得不起眼許多。然而，我們身邊其實也生長著很多蕨類植物，只要稍微到郊外一點的地方，就會發現有種類多得令人意外的蕨類生長在那裡。譬如下面照片中的這類植物，相信所有人都曾見過。

　　然而，就像我一樣，相信大多數路過的人根本不曾想過要去認識它們的名字，甚至對它們視而不見，下意識地只把它們當成「背景」的一部分吧。如蕨菜、紫萁、莢果蕨等能在食品賣場看到的春天野菜雖然也是蕨類，但又有多少現代人能在野外辨識出它們呢？

圖3-1

　　蕨類植物在歷史上之所以如此不起眼，我想最大的原因就在於它們不會開花。不同於廣為人知會「開花結果落種」的「種子植物」，蕨類植物是靠葉子長出的孢子來繁殖，是一種仍殘留著古老（在種系發生學上較早出現）特徵的植物。另外很多種蕨類植物生長在陰暗潮濕的環境，也讓它們不起眼的形象更深植人心。

　　不過，雖說是理所當然，但蕨類也有非常多不同的種類，而且有很多專家熱衷研究它們，並將他們的研究成果集結成圖鑑出版。在我看來，能將這些不起眼的蕨類植物的名字隨手捻來、倒背如流的人，簡直帥氣到了極點。我以前也曾對蕨類產生過一點興趣，卻始終沒有深入研究。藉著執筆本章的機會，這次我決定來挑戰看看蕨類植物的鑑定。

　　在這方面，我的定位是個「百分百的門外漢」。但對用圖鑑調查生物有

一定經驗的人」。同時，我給自己設定的成長目標是「擁有足以享受觀察蕨類的樂趣之鑑別力」。以下我將分享我自己是如何從完全不懂的狀態，逐漸學會如何用圖鑑辨識出蕨類，中間遇到哪些困難，又如何解決這些困難，希望能為你提供參考。相信當中會有很多能引起大家共鳴的經驗才對。

觀 察 整 體

　　下定決心後，我首先買了兩本圖鑑，分別是《蕨類手冊》（暫譯，《シダハンドブック》）（北川，2007）和《比比看系列 蕨類》（暫譯，《くらべてわかるシダ》）（桶川、大作，2020）。這兩本圖鑑都用了俗稱「白底」的大張彩色照片介紹了各種蕨類，且大多數物種都附上了生態照，是非常好閱讀的圖鑑。前者一如其名是本「手冊」，尺寸可輕鬆放入口袋，在野外使用十分方便，全書共80頁，收錄了大約80種蕨類。後者為B5大小，總共208頁，收錄的種類約有260種，較適合在房間裡坐著閱讀。

　　另外要強調一件理所當然的事，一本圖鑑的的收錄物種數愈少，就愈容易從中找到特定物種，不過相對地也愈有可能書中沒有收錄你想找的物種。另一方面，收錄的物種數愈多，雖然愈有可能收錄你想找的物種，可是查起來也愈困難。前者對初學者來說會更易於使用，但有時查著查著會遇到「還想了解更多」、「想知道還有沒有這本書裡面沒有收錄的相似物種」、「想看看其他照片」等情況，所以配合後者這種更高級的圖鑑併用，可使你對鑑定更有自信。「使用多本收錄物種數量不同的圖鑑」或許可以算是某種祕技。當然，也有些生物比較冷門，可能根本沒有多少本圖鑑給

你選擇。

那麼，在拿到這兩本圖鑑後，我先大略瀏覽了一下全部的內容。我抱著非常隨意的態度翻了幾頁，發現了幾種「啊，我好像看過」的種類。然而不久後，我腦中突然產生一個感想。

「是不是所有種類看起來都差不多啊……？」

看到圖鑑上幾乎都是長得差不多的物種，我不禁咋舌這本書對新手也太不友善了。不過這也合理，因為我還不具備「鑑別蕨類的眼力」。用第一章所舉的例子來說，就相等於還沒學會印地語字母就想查印地語字典的狀態。所有蕨類在我眼裡看起來都是一個模樣。在這個階段，我內心唯一的感想就只有「看不懂……」，恨不得把才剛買到手的圖鑑狠狠扔出窗外。若不克服這一階段，我的蕨類鑑定挑戰就將折戟沉沙。

然而，瞇著眼睛凝視了一會兒後，我發現了幾個現在這個階段也能分辨的明顯特徵。我首先注意到的是一種叫「鐵線蕨」的物種。這種蕨類擁有許多形狀類似銀杏的小葉片，很有特色。根據《蕨類手冊》上的解說，這種蕨類可以在住宅區和電車月台下等地方發現。我感覺只要對照上面的照片，應該就能在現場認出這種植物。接著，我還發現「球子蕨」和「井欄邊草」這兩種蕨類也跟其他蕨類長得很不一樣。我記得以前曾在野外看過它們，但老實說當時我根本不曉得原來它們是蕨類。就這樣，我在書中找到了二到三種已經認識的物種後，心中總算產生了一些動力。

掌握關鍵形質

　　雖然很想馬上跑到野外去觀察，但在那之前，我決定再多熟讀幾頁圖鑑。這是因為我在野外除了捕蟲網外總是丟三落四，所以基本上不帶圖鑑出門。

　　就算用相機拍下在野外發現的蕨類，我也不知道該觀察哪裡來分辨它們，換言之必須先認識它們的「關鍵形質」。不論是哪種生物的圖鑑，大多都會把該物種的關鍵形質放在最前面。以蕨類來說，除了整體的外形外，包含它的質感、毛狀體或鱗片（由一列細胞組成的叫毛狀體，兩列以上細胞組成的叫鱗片）的樣子，以及製造孢子之孢子囊群的形狀和位置，全部都是要檢查的關鍵形質。

圖3-2
粗莖鱗毛蕨的孢子囊群。照片中的一個個顆粒就是孢子囊群，
裡面有很多微小的膠囊（孢子囊），而每個孢子囊中又包含很多孢子。

若沒有掌握這些關鍵形質就跑去野外，就很容易遇到拍了半天只拍到整體的外形，卻漏拍了最關鍵的部位，結果沒法判定到底是哪個物種的情形。不過若要把所有發現的個體從各個角度都拍一張照，實行起來又太過麻煩，所以事前了解觀察重點，可以減少很多無謂的工夫。

此外，直接觀察實物又比觀察照片更容易鑑別物種，實務上我們也常常遇到光靠照片無法辨識出這是什麼物種的情況。就這層意義來說，雖然難度乍聽之下很高，但製作標本是最好的方式。關於這部分我之後會詳細解說。

前往野外

這次我沒有真的跑到荒山野嶺，而是先在出門走幾分鐘就能到的步道旁尋找我的第一種蕨類。當時我還用嬰兒背帶抱著只有零歲的兒子一起同行。

一方面是因為我迫不及待想快點找到蕨類，另一方面則是因為先從近的地方找有個重要的優點：生長在鄰近住宅區、離自然環境較遠的物種，更有可能被收錄在入門級的圖鑑上。就這層意義來說，我推薦選擇自家附近當成修行的起始地點。

出門沒走幾步後，我馬上就在步道旁的小溪邊發現了一種蕨類。

圖3-3

而且是我認識的種類！那形狀如銀杏般的密集葉片，毫無疑問是鐵線蕨。

圖3-4

接著我還發現了井欄邊草。在野外發現圖鑑上認得的物種，是件非常令人開心的事。要打比方的話，那感覺就像在外面親眼見到電視上看過的藝人。有種「哇，是本人耶！（原來他長得比想像中更矮）」的感覺。再仔細觀察，溪邊長了好多球子蕨和井欄邊草。我深深感覺到自己在不知道它們的名字前，對它們有多麼視而不見。

　　然後我又發現了幾種不認得的種類（圖3-5）。

　　過去我把這些植物統統只當成「蕨類」。老實說，在我看來它們全都長得一個模樣，完全搞不清楚哪個是哪個、有什麼不同。接著我用手機拍了幾張鑑定所需的整體照、背面照、以及根部等照片後就回家了。我兒子從頭到尾都在睡覺，但每當我蹲下去拍照時，他的眉頭就會皺一下，好像相當不滿的樣子。

圖3-5 一開始看起來都差不多的蕨類植物。

觀察、觀察、再觀察，然後確定種類

　　雖然拍完了照片，不過就算現在馬上翻圖鑑，我也沒辦法找出這些難以分辨誰是誰的蕨類到底叫什麼名字，所以我必須先建立觀察眼。就跟你在第二章做過的一樣，於是我開始仔細觀察，把所有發現到的特徵列出來。仔細觀察後，我發現這些起初看來全都一樣的蕨類，其實都各有不同之處。例如，請你試著找出下面兩張照片中蕨類的不同點。

圖3-6

　　下一頁的照片（圖3-7）是我所注意到的不同之處。儘管你也可以直接列在腦中，不一定要寫下來，不過寫下來可以防止之後忘記，也更容易整理。

圖 3-7

　　順帶一提，除非你剛好打算成為研究蕨類的專家，否則大概會對以下的工夫感到麻煩——用筆把照片中的植物描摹一遍，就能更清楚看出兩者外形的差異（圖3-8）。

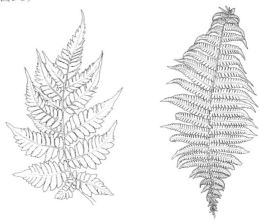

圖 3-8

由於照片裡有顏色、陰影、背景等許多煩雜的訊息，因此可以畫成線繪，集中觀察它的形狀。這就是為什麼生物學常常使用手繪圖的理由之一（而且手繪不像照片會受印刷品質影響）。我以前在學校專攻的「分類學」領域，可算是生物學中最要求外形觀察精準度的領域，而線繪和素描在此領域扮演非常重要的角色。不過隨著攝影器材的進化和普及，現在也有愈來愈多場合改用照相代替線繪。漂亮的照片在紙面上給人的觀感非常好，而且照片不像手繪可能會畫錯，具有「完全復刻實物」的優點。儘管如此，我還是認為線繪有其存在意義。因為正如先前所述，對於還不具備精準觀察一種生物之外形眼力的人，要從資訊量龐大的照片中正確過濾出外形的資訊往往不是件易事。我在大學的課堂上畫過非常多生物繪圖，深深感受到觀察和繪製線繪對培養外形洞察力具有重要的意義。如果只是出於興趣而觀察生物，可能會覺得自己畫圖很麻煩，可這意外地或許是提升實力的最快捷徑。

回到蕨類的話題。就這樣，在慢慢養成觀察眼，開始能看出各種蕨類的不同後，我才總算進入最有樂趣的階段。例如，植物的葉形在生物學中有「單葉」和「複葉」之分。單葉就是像柿子和櫻花葉，葉子只有自己一片，也就是大多數人對「葉子」的印象。另一方面，複葉則是由兩片以上的葉子組成。而蕨類的葉子就是由很多小葉組成，排成鳥羽毛一般的形狀，而這整排其實只算「一片葉子」。這種形似羽毛的複葉俗稱「羽狀複葉」，而蕨類的羽狀複葉中那一片片的小葉俗稱「羽片」。若羽片本身也像鳥羽毛那樣往下分裂得更細，就叫做「二回羽狀複葉」，而單片羽片中更小的羽片叫做「小羽片」。若羽片本身就是完整的葉形而非鳥羽狀，就叫做「一回羽狀複葉」。其中有些種類連小羽片也是鳥羽狀，這種葉子就叫「三回羽狀複葉」。因為講起來很饒舌，直接看圖比較快。

圖3-9
上列由左到右依序是單葉、一回羽狀複葉。
下列由左到右是二回羽狀複葉、三回羽狀複葉。橘色的部分是羽片，水藍色的部分是小羽片。

　　這在區分蕨類時是非常有用的特徵，在我買的這兩本圖鑑上，也是按照羽狀複葉的分裂次數來排序各種蕨類。這種排序方式對初學者相當有幫助。因為就算觀察力還不成熟，也比較不會搞錯這項特徵，更容易找出正確的種類。

　　那麼，在認識這點後回頭看看，會發現圖3-6的兩種蕨類中，左邊的是二回羽狀複葉，右邊的是一回羽狀複葉。就算羽片或小羽片上有裂口，只要沒有裂到葉軸，那麼就不算是羽狀葉。多虧這項線索，圖鑑上需要確認的種類一下子少了許多。

用複葉的形狀縮小範圍後，接著就可以按照自己發現的特徵，尋找與圖鑑描述相符的物種……抱著這樣的想法，我又重新翻了翻圖鑑。左邊的蕨類葉軸略帶紫色，且葉尖附近的羽片突然收尖，這兩項特徵跟「日本安蕨」十分相似。此時的重點是不要操之過急。要仔細閱讀解說，確定特徵一致。在觀察力仍不成熟時妄下判斷「就是這個」，結果其實是八竿子打不著關係的物種，這種例子常常發生。為保險起見，我也翻了《比比看系列 蕨類》確認了一遍，發現特徵跟圖鑑上的解說相當吻合。這下我終於確定自己找對了！

　　《蕨類手冊》上說這種蕨類「到處都有生長」，而我後來回想後也確實感覺隨處都能見到，只不過以前不曉得它叫什麼名字，這讓我感覺自己對這世界確實比昨天看得更加清晰了。因為，過去我根本不會去意識到這種植物的存在，但如今我卻可以在看到它們後叫出「這是日本安蕨」。發現自己的成長，令人相當開心。

　　而右邊的蕨類，從羽片愈靠近下面愈小，以及中軸沒看到毛狀體和鱗片這兩點，我判斷出應該是「莢果蕨」。莢果蕨的新芽在日本一般俗稱「Kogomi」，是一種可食用的蕨類。以前我一直以為莢果蕨是山中的野菜，沒想到居然家裡附近就有生長。在知道它們的名字後，這些原本看起來長得都一樣的植物，至少對於日本安蕨和莢果蕨，不可思議地突然看起來完全不一樣了。順帶一提，辨識出一個生物屬於哪個種類，日文的俗話叫「落とす（Otosu）」。

給上級者看的排序方式

　　順帶一提，最不適合初學者使用的圖鑑，就是照「分類系統排序」的圖鑑。生物分類系統是一種根據該生物已知的研究結果，按照種與種之間的親緣關係，以及更上層的屬與屬之間的親緣關係等生物學上的類緣關係，也就是所謂的以「系統」來為生物分類的體系。這種分類通常不只會比較生物的外形，也會考慮物種在遺傳學上的關聯。專門且頁數較厚的圖鑑幾乎都是按照分類系統來排序。這是因為若目的是要做研究，那麼理解這個「系統」非常重要。

　　然而，生物的世界存在很多「長得很像的陌生人」，到處都是顏色、紋路，甚至外形乍看非常相似，但在親緣上毫無關聯的生物。相反地，即便是血緣相近的親族，有時乍看之下也可能長得完全不同。雖然仔細觀察細節就會發現兩者的確具有相同的系統性特徵，但若按照分類系統來排序，很多在初學者眼裡相似的種類就會被打散到不同頁數去，難以互相比較。所以，我認為即便完全不符合分類系統，科普用的圖鑑也應該用容易辨識的特徵來分類生物，例如「都開白花」這種特徵，對初學者會更加容易使用。

　　不過，我並不是說圖鑑「按分類系統排序，就一定很難查找」。相反地，對於已經很熟悉該類生物的高級使用者，這種排序方式反而更好用。因為高級使用者通常只要瞄一眼就能大略推測出該生物「屬於哪個家族」，所以把親緣關係相近的物種集中

在一起會更好查閱。這或許就像用字典查比較難的漢字時，熟知「部首」的人可以更輕鬆查到想要的字一樣。如「夢」、「繭」、「鬱」等字，對不熟悉部首的人來說大概會覺得「用注音查簡單多了！」吧。

真的是那個嗎 ？ 檢查近似種

　　那就按照這個步調繼續往前推進吧。接下來，我又試著調查圖3-5左下的蕨類是哪種植物。我首先數了一下它的羽狀複葉，發現它是三回羽狀複葉。於是我翻到《蕨類手冊》中「三回以上羽狀複葉」的類別一個個對照，發現它的小羽片形狀和整體的無光澤感跟「翠綠針毛蕨」相似。解說中的「城鎮中也有生長」，也是加分要素。其近似種有「*Thelypteris torresiana var. clavata*ヒメワラビ（姬蕨）」，小羽片的根部有柄乃是翠綠針毛蕨的特徵，確實相符。

　　為了二次確認，我也看了一下《比比看系列 蕨類》，結果發現還有溪邊蹄蓋蕨、大久保對囊蕨、綠葉對囊蕨、中華雙蓋蕨、姬蕨（中文俗名雖與「ヒメワラビ」的漢字寫法相同，但並非同種）、白鱗鱗毛蕨……等等《蕨類手冊》沒有收錄，但看起來很像的種類！

　　不過，這正是「使用多本收錄物種數不同的圖鑑」的意義。對初學者的我來說，一開始就使用《比比看系列 蕨類》的話，因為可能的候選太多，很難縮小搜尋範圍。這是因為，要專注於特定外形——比較圖鑑中的圖片，會消耗比想像中更多的精力，很容易翻著翻著就不小心看漏了。而若一直找不到就會開始心煩氣躁，甚至還可能氣到摔書。所以，剛開始查閱時，更適合先用以住家附近常見的種類為中心，收錄的物種數量較少的《蕨類手冊》，把《比比看系列 蕨類》當成二次確認的工具。

　　儘管需要一點耐心，不過為了確定我發現的植物到底是不是翠綠針毛蕨，我決定連其他相似種的解說也仔細讀過一遍。因為這次我找到的樣本還沒有長出孢子囊群，所以我把比較重點放在鱗片的模樣和小羽片的形狀上。雖然有點小麻煩，但整理成表的話會更容易理解。

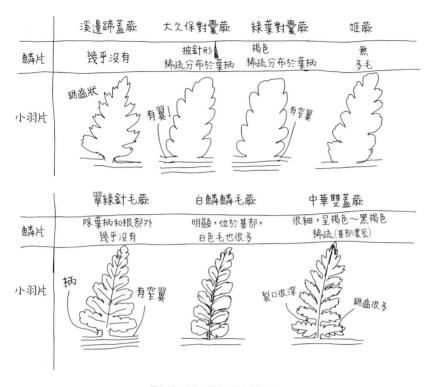

	溪邊蹄蓋蕨	大久保對囊蕨	綠葉對囊蕨	姬蕨
鱗片	幾乎沒有	披針形 稀疏分布於葉柄	褐色 稀疏分布於葉柄	無 多毛
小羽片	鋸齒狀	有翼！	有空翼	

	翠綠針毛蕨	白鱗鱗毛蕨	中華雙蓋蕨
鱗片	除葉柄和根部外 幾乎沒有	明顯，位於基部， 白色毛也很多	很細，呈褐色～黑褐色 稀疏(基部濃密)
小羽片	柄 有空翼		裂口很深 鋸齒很多

圖3-10　表格只要自己看得懂即可。

　　當然，要把所有特徵都畫成表很累人，可這會比只在腦中整理清楚得多，也更容易留下記憶，對「培養觀察眼」非常有幫助。假如你的目的不是「想鑑定出這是什麼生物」而是「想訓練鑑定能力」的話，那就更推薦你畫表，甚至應該把畫表當成訓練的捷徑。雖然的確很麻煩就是。

　　整理成表後，我發現翠綠針毛蕨依然是最有力的候選。儘管最後的結論跟我剛查完《蕨類手冊》時一樣，但一一檢討並消除是其他近似種的可能性，對於正確鑑定生物極其重要。有時就算我覺得自己已經找到了候選，還是會把圖鑑上的每個物種都確認一遍。這是因為，在真正確定翻到

正確答案的那一頁前，這個候選都仍只是「暫定的第一候選」。畢竟只是找到最接近但仍不是正確答案的物種而沾沾自喜，根本一點意義也沒有。另外，如果是出於學術的目的而需要鑑定生物，那最好還要再用收錄種類較多的專門圖鑑檢查一遍。

看到這裡，相信你已明白「就算買了圖鑑也不代表你能馬上知道這個生物叫什麼名字」的道理了吧？然而，只要克服了這個有點麻煩的過程，練到能在野外叫出生物的名字，觀察生物的樂趣就會爆炸性地增加喔。

認真查閱過兩、三種的蕨類後，我的腦中逐漸建立起諸如「比日本安蕨的葉子更柔軟」、「外形類似莢果蕨，但葉尾的羽片不會縮尖」這種判別基準，變得能夠更正確地捕捉蕨類植物的特徵。不僅如此，就像在鑑定翠綠針毛蕨時做過的，確認近似種的特徵，還有使你順帶認識與標的物種類似的物種。又或是在翻閱圖鑑的過程中逐漸記住常翻到的物種，提高鑑別蕨類的實力。

在多次練習後，我變得能用在家裡附近的步道和公園拍下的蕨類照片，一一辨識出華中鐵角蕨、短柄卵果蕨、鈍羽對囊蕨、紫萁、毛葉茯蕨、齒牙毛蕨等各種蕨類。而我用的步驟基本上仍是仔細觀察找出特徵，一邊把它們全部記入腦中，一邊查閱圖鑑，反覆對照近似種的特徵，最後再確定種類。

不閱讀解說，只比較圖片或照片來鑑定種名的做法在日文俗稱「繪合（對圖）」。基本上是被禁止的。我以前也曾用這種方法來鑑定種名，理由單純是因為「懶得閱讀文字」。若是像鳳蝶和黑鳳蝶這種任誰看來都明顯不一樣的組合倒還無所謂，但若放眼整個生物界，便會很遺憾地發現大自然多得是「長得差不多的生物」。最後我發現，還是閱讀解說的正確性更

高，實力也提升得更快。所以請務必耐心閱讀解說。

「後來才知道」是常有的事

　　接下來，我繼續挑戰鑑定圖3-5左邊中間的那株蕨類。這株蕨類的葉子屬於一回羽狀複葉，特徵是葉尖的羽片十分細長。它的葉子就像莢果蕨一樣，下半部的羽片沒有變小，而是堂堂地張開，呈現八字形。根據這些特徵，我選出了「漸尖毛蕨」和「東方莢果蕨」這兩個候選。

　　這兩種蕨類的孢子囊群模樣完全不同，不過我找到的植株還沒有長初孢子囊群，所以無法以此分辨。東方莢果蕨的孢子囊群比漸尖毛蕨大得多，但未成熟時的孢子囊群似乎很小。

　　根據《蕨類手冊》的描述，漸尖毛蕨的葉片質地是「粗糙如紙」，而東方莢果蕨則像「有點厚度的紙片」。但質地這種特徵靠照片很難判斷，所以我決定過幾天散步再次經過時實際用手摸摸看。然而，我摸完後的感想是「雖然的確有類似紙張的質感……可是感覺既有點粗糙，也有點厚度……」，是種對初學者而言難以判斷的質感。

　　除此之外，解說還提到漸尖毛蕨放在放大鏡下兩面都能觀察到短毛，而東方莢果蕨則兩面都無毛。可惜那天我沒有帶放大鏡出門，而且身上又背著孩子，沒辦法仔細觀察。

　　結果，到最後我對那個蕨類的認知就停在了「不知道是漸尖毛蕨還是東方莢果蕨」的狀態。既然圖鑑上有特別記載，意味著葉子的觸感應該是重要的情報，但若沒有「摸過各種蕨類的經驗」，實在很難用觸感來判斷。又或者需要把兩種放在一起互相比較才能一目了然也說不定。

圖鑑上經常出現這種「略細」、「與○○相比較為圓潤」的形容方式，但有時初學者很難理解這種描述。

　　因為我自己也有編撰圖鑑的經驗，所以也可以理解圖鑑編撰者的立場。要用言語精確地表達自己是用哪些特徵來區辨特定物種一點也不簡單。譬如為了把「感覺很流線」、「看起來肥肥的」這種感覺，用別人能理解的方式說明，常常不得不使用「略為」和「與○○相比」這種形容方式。雖然在讀者看來會覺得很火大，但作者卻是抱著「只要多觀察就會明白了。總之請加油吧」的心情在編寫。

　　我認為這也沒有什麼大問題。要把解說寫得仔細詳盡到連初學者也能清楚理解，圖鑑的編寫者必須額外花費極大的勞力，而且資訊量又會太大，反而讓頁面編排變得難以查閱使用。一如本書前文所述，想用好圖鑑也需要具備一定的基本功，所以我認為採用「要求讀者具有一定水準才能理解的敘述方式」是可以接受的。

　　言歸正傳。對於漸尖毛蕨和東方莢果蕨這兩種植物，儘管只要檢查一下有無細毛就能簡單區辨，但我始終找不到機會蹲下來好好觀察，就這麼過了一段時間。後來，我為了另一本書外出取材，前往山梨縣採集蒼蠅時，這個問題卻突然解決了。當時，我在一條林道的邊坡上偶然發現了一株葉子非常大的蕨類。在它的葉子之間，長著一根尖端附有彈匣般羽片的完美孢子葉。這毫無疑問是東方莢果蕨！

　　於是我上前摸了摸它的葉子，總算理解了到底什麼叫「有點厚度的紙片」，用「感覺」理解了圖鑑上描述的各種情報。與此同時，我也確定了長在家裡附近的那株蕨類其實是漸尖毛蕨。之後進入夏天，我也成功檢查到孢子囊群的特徵。看過兩者的實物後，我覺得這兩種蕨類其實不太容易

圖3-11　毫無疑問是東方莢果蕨。

搞混，但若只看過其中一種，卻會覺得它們在圖鑑上長得十分相似。

　　依我的經驗，這種情況在鑑定生物時非常常見，所以在遇到拚盡全力調查後仍判斷不出那是什麼物種時，只需要耐心等待，告訴自己「總有一天你會知道的」就行了。即便當下沒能得到結果，但「用盡全力調查」這個過程，毫無疑問會成為使你成長的養分。

　　我以前打工的時候，曾有機會鑑定小笠原群島的昆蟲標本，可是「*Phloeopsis bioculata*」（フタツメケシカミキリ）和「*Phloeopsis lanata*（ケズネケシカミキリ）」這兩種天牛在圖鑑上的照片，在我看起來根本一模一樣。我一邊依照圖鑑所寫的特徵仔細觀察，一邊鑑定調查中取得的標本，但*Phloeopsis bioculata*的數量卻壓倒性地多過後者。一直到有一次，我終於親眼見到了*Phloeopsis lanata*的標本。結果，我一看到實物後，立刻就從體毛的質感明白到兩者是「完全不一樣的蟲」。這種瞬間的驚訝和感動，正是物種辨識的醍醐味之一。

圖3-12
Phloeopsis lanata（左）和 *Phloeopsis bioculata*（右）。
照片上看起來完全一樣，但見到實物後就會明白兩者的差異。（身上的紋路通常不太可靠）
（一般財團法人 自然環境研究中心 永野裕先生提供）

　　除此之外，依照觀察的時節，也常常遇到根本找不到關鍵形質的情
況。以前面的漸尖毛蕨為例，我在早春第一次發現這種蕨類時，它的孢子
囊群尚未發育完全。雖然只要檢查孢子囊群，就能馬上知道它不是東方莢
果蕨，但由於是早春時的新葉，再加上我沒有實際見過東方莢果蕨，因此
一時難倒了我。不過若換個季節觀察，加上實際見過比較對象的東方莢果
蕨，這個問題自然迎刃而解。

　　早春時大多數的植物剛發新芽，新生階段的葉子往往跟圖鑑照片中的
形狀和印象不太一樣。很多生物都有同樣的問題，例如開花植物就是最受
季節影響的生物。理所當然地，因為只有在開花期才能檢查花朵的特徵，
所以在非開花時期，將缺少一項鑑定該植物的強力線索。

　　以我研究的蜘蛛來說，要正確辨識一個物種，往往需要觀察雌雄個體

圖3-13
夏天的登山道上發現的植物。這是魁蒿？還是烏頭？答案是胡堇草。
若非春天時在同一地點見過它的花，否則我永遠也不會知道答案。

的生殖器官，不過生殖器官只有在成體蜘蛛身上才能見到。儘管也有靠體
型和斑紋就能鑑別的物種，但有些種類的幼體和成體外貌存在若干差異。
換句話說，辨識那些成體只會在特定時期出現的物種時，就會遇到「現在
這個季節無法鑑定該物種」的情況。

　　而且這狀況一點也不少見。因為不可能所有物種都在捕獲當天就鑑定
出真身，所以必須保持耐心，告訴自己「現在這時節難以辨識，換個季節
再來吧」。等到其他季節再次來訪，總算查明其真身，發現「那個葉子原
來是這種花的葉子」、「那個幼體原來是這種蜘蛛」，跟自己過去的觀察融
會貫通時，我總會有種像是當上推理小說主角的快感。

多去其他地方走走，辨識物種的能力會急速提升

　　開始認識自家附近的蕨類後，我內心前往其他地區觀察其他種類的興致愈來愈高昂。開始觀察不到一個月，我開始感覺自己的眼睛變得「會不自覺地去尋找蕨類」。當時我為了採集蒼蠅，不定期會前往關東郊外的田野，但常常到了現場，抓著抓著注意力不自覺地就被蕨類吸引過去。

　　之前我的主要觀察點限於自家附近，大多都是平地的小樹林邊緣或小溪邊等環境，但來到山地的森林後，我看到了很多住宅區附近看不到的蕨類。例如羽片的排列方式就像西洋劍的劍身和劍鍔的「戟葉耳蕨」，還有羽片像扇子一樣張開的「掌葉鐵線蕨」。到了海拔更高處，還能見到滿布整片林地，碩大的葉子像王冠一樣張開的「粗莖鱗毛蕨」。柳杉林中常見的「耳蕨」是住家附近也能見到的蕨類，但「卵鱗耳蕨」和「*Polystichum tagawanum*（イノデモドキ（猪の手擬））」都是去了山地才第一次看見的物

種。即便是莢果蕨這種已經司空見慣的物種，在山裡也長得比城市健壯許多，令人不禁訝異原來這才是它發揮全力的面貌。

　　還不只是蕨類，多去不同地區的野外走走是非常有意義的。首先，這能讓你見到很多平常看不到的物種。距離愈遙遠，物種的地區性差異愈明顯。譬如，有次我前往京都旅遊，在某片山坡中發現了大片叢生的「鐵芒萁」和「裡白」，而這在關東的山裡

圖3-14　掌葉鐵線蕨。

是極難見到的。這樣的景象讓人清楚感覺到「自己來到了離家遙遠的地區」，增添了旅遊的樂趣。

我認為觀察野生生物的樂趣非常適合用來提高旅遊的充實度。即便是離家不算太遠的地方，也常常會因為局部性的環境差異，出現這個地方看得到而其他地方看不到的特色。生物的棲息狀況、海拔高度與地形、土壤的濕度和成分、周圍的植被等生態相、以及人類的介入程度等等，各種不同的因素都會造成影響。譬如也有如喜歡石灰岩的「鐵角蕨科」家族等只生長在特定岩石周邊的植物。

仔細觀察自己居住的地區固然也很重要，但造訪各個不同地區、見識各式各樣的物種，也對觀察力的培養有很大助益。最重要的是，「觀賞不一樣的事物是很快樂的」。再也沒有比「快樂」更強大的動機。若能把「快樂」當成回饋，你將會學得非常快。

當然，你也會在旅行時見到非常多司空見慣的物種，但這也同樣有好處。「因為它具有這個特徵，所以是○○」──這樣的經驗愈多，你鑑別生物的觀察力就愈強，最後不需要思考就能叫出種名。尤其是對特徵十分相似的近緣種，累積觀察經驗十分有效。

還有，在各種不同場所觀察相同的物種，可以使你在腦中建立該物種大概都生長在哪類環境的「直覺」。當這種感覺足夠敏銳時，你只要看看周圍的環境，就能大致預測附近可能長著哪些生物。換言之，你將會擁有「環境的觀察眼」。我跟很多不同的人一起去採集過昆蟲和蜘蛛，深深體會到那些「高手」級的人們，其「環境的觀察眼」個個出類拔萃，能夠整合各種不同的環境資訊猜出「這裡應該會有○○棲息」。擁有從環境取得資訊的能力，對查閱圖鑑也有很大幫助。假如圖鑑上的描敘讓你感覺「我的確是在這樣的地方發現的」，就能成為支持你判斷的證據。

所以說，前往不同地方尋找同一種生物，可以迅速提升你的鑑定能力。而且這也是在「認識我們居住的這片土地」。

想 知 道 答 案

話說，在總算開始對圖鑑產生親切感後，所有挑戰生物鑑定的人必定會面臨一個難題，那就是「我的鑑定到底是不是正確的？」。換句話說，也就是「不知該怎麼對答案」。在剛開始的階段，我們一定會缺乏自信，懷疑「雖然我覺得應該是這個，但真的就是這個嗎？」。又或者自信滿滿地認定「就是這個」，結果實際上卻不是。相信所有人都想知道「正確答案」。

遇到這種情況，最快的方法就是直接去請教該領域的前輩。例如，博物館的學藝員都是貨真價實的專家，所以去參加博物館主辦的觀察會等活動，就是請教他們絕佳的機會。這能讓你實際觀摩專家如何鑑定生物，而且植物園或博物館展示的活體樣本或標本，也非常有參考價值。例如，東京大學的小石川植物園中就種植並展示了以日本為首之世界各地的植物，從近距離觀察實際的植物，可以取得很多光看圖鑑上無法得到的資訊。

而寄信詢問學者或有架設個人網站的資深業餘觀察家也是一種方法。還有，近年 Facebook 和 Twitter 等社群網路，也能有效取得生物的資訊。Twitter 上有很多活躍於第一線的學者或知識量不輸專家的資深業餘人士，可以輕鬆發訊請教他們，比寄 E-mail 還容易。而我自己也曾向鈴木純先生（@suzuki_junjun）和某個借用某漫畫角色教導植物知識的帳號等會積極回答

網友詢問的人士請教過，而在蟲類的鑑定上也同樣受過不少人指導。

圖 3-15
小石川植物園的「蕨類園」。可以實際觀察已寫有「答案」的蕨類。

　　相反地，我自己也常常幫人回答「這隻蜘蛛叫什麼名字」的問題。當然，一次詢問太多問題，對方回答起來會很辛苦，所以最好不要一次問太多；只以我自己來說，只要是我能回答的問題，在 Twitter 上回答遠比 E-mail 回信輕鬆得多。不過每個人的觀念不太一樣，我想也有些人覺得用 E-mail 比較禮貌正式。但不論如何，道謝是最基本的禮節，所以請一定要好好道謝。

　　另外，即使不問問題，閱讀其他觀察家的發文也多少有助於訓練。會確實拍下關鍵形質的照片並發文貼圖的帳號，是相當寶貴的存在。

　　不過，由於有時光靠照片比較難以鑑定，因此社群網路也並非萬能。好好拜託對方，並寄標本過去請對方鑑定，才是最穩健確實的方法。

　　無論如何，尤其是愈接近新手期，請教他人指導的過程對提升鑑定技術幾乎是不可或缺的。除了極小一部分的天才外，基本上所有人剛起步時

都會誤認犯錯，所以要多請教他人，重新審視特徵，才能逐漸建立觀察力。

即便每個人成長的速度都不太一樣，可是隨著觀察力逐漸建立──也就是能確實捕捉生物的特徵之後，你就會開始有能力自己查閱圖鑑。年輕人可能比較提不起勇氣向素未謀面的人請教，我自己以前也是這樣。但請不要害怕，勇敢踏出第一步。因為「請教他人」是非常重要的社會技能。

不過這裡要補充一點，那就是在物種辨識這個領域，「專家的意見不一定總是對的」。或者說，有時會遇到「現狀就是模糊不清」的情況。愈是深入研究，就會發現「種」的存在有時非常難以定義，不容易畫出明確的界線，因此「鑑定的正確與否」其實是非常難以回答的問題（參照p.96）。尤其是植物，可以互相雜交的組合很多，要判定種名更加困難。最終，鑑定結果只能算是一個「眼前的生物屬於○○這個種」的「假說」。大師的鑑定，也只是歸結了許多資訊後，可靠性比其他假說更高的假說，並非絕對的正確答案。而這也是生物世界博大精深之處。

AI鑑定的使用之道

近年，AI技術的進步顯著，連生物觀察領域也開始引進AI。例如由株式會社Biome營運的手機App「Biome」，使用者只需上傳拍到的生物照片，App就會用AI影像分析技術秀出該生物的可能種名。

過去的AI影像分析需要人類訓練者準備大量事先標好「黑鳳蝶」、「大鳳蝶」等名字的「訓練圖片」，手動指出辨識時必須檢查的特徵，然後AI才能針對提問的圖片進行辨識，告訴你「這是黑鳳蝶」。但近年，隨著科技和計算機性能的提升，AI已能自己尋找特徵並學習。

而Biome的AI鑑定功能除了圖片本身以外，還會分析拍攝的時間和地點，推理出當時的環境條件（氣溫、降雨量、植生型態等等），運用這些「元資料（metadata）」進行鑑定和學習。

至於最重要的準確度，目前Biome還不是一個「能告訴你正確種名的工具」。其他AI鑑定工具也差不多，儘管有時會跳出明顯錯誤的候

選選項，不過偶爾也會讓你覺得「意外地還滿厲害的」。因為訓練 AI 需要準備數量龐大的「正確鑑定完成的訓練圖片」，非常不容易，加上使用者上傳的資料愈來愈多，使用者錯誤的鑑定結果也會增加訓練資料中的噪訊，可謂困難重重。但不可否認，拍下照片讓 AI 像「寶可夢圖鑑」一樣告訴你這種生物的名字，是非常有趣的體驗，相當適合作為自然觀察的起點，令人期待未來準確度能向上提升。

　　總而言之，目前 AI 還不能取代人類成為鑑定專家。然而，計算機科學是個日新月異的世界，再過五年情況會是如何，誰也說不準。像是對人類而言「雖然感覺得出不同但不知道怎麼用言語表達」的東西，相信 AI 的判斷標準就會客觀得多。不知若建立某個科或屬所有物種的訓練圖片，AI 是否就能輕鬆地幫我們判斷一個生物「究竟是固有種還是未登錄物種」呢？

逐漸清晰的蕨類世界

　　從對蕨類的認知只有「每個都長得一個樣」開始，不到一年的時間，我已經能識別住家附近絕大多數的蕨類。就算前往比較遠的地方，遇到第一次看見的種類，我也能一定程度上自己用圖鑑查出那叫什麼名字。當然，即使這樣我也還沒脫離菜鳥的階段，在蕨類專家看來肯定會吐槽「你該不會以為這樣就算懂蕨類了吧??」，而且實際上也仍有很多我辨識不出來的種類。另外，不論學習任何事物，往往在高原效應（plateau effect）出現前，都會有「自己進步很快」的感覺，所以我也可以預見再繼續往上進步後，反而會開始覺得「自己完全不懂蕨類」。

　　總而言之，我此時到達的並不是「可用於學術的鑑定等級」，只是「可享受觀察樂趣的鑑定等級」（關於「可用於學術的鑑定等級」，我將我個人的定義寫在第六章）。但每個人對鑑定的態度都不盡相同，其中當然也有人只是想「享受自然觀察的樂趣」。我想這也是我有所成長的原因之一吧。雖說只能認得一部分，但能叫出蕨類的名字後，對我而言觀察蕨類變成一件非常快樂的事情。只要能感受到樂趣，那麼你的實力自然會有所成長。

　　當然，有老師存在也是一個很大的因素。這次的蕨類鑑定挑戰，我受到某個模仿某漫畫角色的Twitter帳號非常多幫助。事實上，我之所以會對蕨類產生興趣，很大一部分的契機就是看了他的推文。儘管蕨類不會開花，可蕨類卻有好看的葉子和端莊的姿態，它們為這世界的陰影處點綴了更多色彩，而且鑑定的難度對新手而言恰到好處（雖然我是因為還沒到達深淵才敢這麼說），讓我感受到它們是有充滿魅力的生物。

　　不論哪種生物都一樣，當你開始深入瞭解它們，就會漸漸對它們產生「好感」。譬如我以前從來沒想過自己竟然會有「最喜歡的蕨類」，可現在

卻能舉出一堆。在那些蕨類中，我最喜歡在野外看到的當屬「陰地蕨屬」的成員。在這個家族，製造孢子的孢子葉和行光合作用的營養葉是分開的，但兩種葉子卻生自同一根葉柄。無論是威風凜凜高高佇立的營養葉，還是從底下側生出來的孢子葉，全都長得非常好看。即便它們生長的環境比較有限，不過只要在野外發現它們，我就會感到特別開心。

圖3-16　華東陰地蕨叢生的林地。

　　在本章最後，為了使大家也能享受到鑑定蕨類的樂趣，我盡可能整理了自己做過哪些功課。首先，我買了一本收錄物種數量較少的入門級圖鑑，以及另一本收錄物種數較多，內容更詳細一點的圖鑑。在使用時，我會先一邊翻閱前者，一邊記下各物種的「醒目特徵」。然後，我會檢查鑑定時必須用到的特徵，也就是關鍵形質。接著，我會拍下自己在野外發現的蕨類植物的關鍵形質，有時還會再加上簡單的插圖，記錄下該樣本的特徵。我會用幾種不同的蕨類進行練習，培養自己辨識物種間差異的觀察

力。最後，再依照自己觀察到的特徵查找圖鑑，一旦找到可能的候選，就仔細閱讀圖鑑上的解說。隨後再次對照解說提到的特徵，確定樣本的種名。遇到不太有自信的對象，就先到Twitter上問人。還有，我會改變季節和地點，在前往野外時特別留意一下當地的蕨類植物。

在P.47頁提到的研究植物的碩士生宮本通先生曾告訴我，要想正確地鑑定一種植物，除了拍照之外，採集標本也很重要。這跟我專攻的蜘蛛完全一樣。只要留下完整的標本，之後就可以多次用於鑑定。有時當該生物的新發現公布時，也能事後從標本得知重要特徵。

宮本先生還教我如何用簡易的方式製作壓製植物壓葉標本用的「野冊」。於是我立刻去百元商店買好材料，製作了我的第一本野冊，沉浸在開始挑戰新事物的興奮感裡。現在我每天都很期待未來還會邂逅什麼樣的蕨類。

其樂無比的蕨類標本

距離當初執筆本章過了一年有餘,現在我完全迷上了製作蕨類標本。蕨類不但造型美麗,還有種蜘蛛浸液標本所沒有的「觀賞吸引力」。

製作蕨類標本時,為了讓葉子的正面和反面都能被觀察到,必須把一部分的羽片翻面,此外還要彎折葉軸以使整片葉子都能塞進台紙內,然後得把台紙小心翼翼地鋪平在桌上,每一項作業都充滿了「手工藝感」,做起來非常愉快。

為了收進台紙裡,通常需要替羽片翻面,現在感覺更加好看。

剛採集到葉子的頭幾天,天天都要更換新的報紙夾住葉片吸收濕氣,而每次打開報紙,看到自己喜歡的蕨類時,我都會忍不住像小孩子一樣「哇〜〜」地喊出聲來,甚至被老婆嘲笑,「你怎麼會『哇〜〜』這樣地喊出來呢?」。

這輩子能認識到這種樂趣，真的是太幸福了。

第 **4** 章

大家都長不一樣，
　　　所以才認錯

充滿變異的世界

在前一章，我挑戰了蕨類的鑑定，並介紹了我是如何在跌跌撞撞中逐漸加深對蕨類的認識，然而其實上文中省略了很多「痛苦的場景」。文中的描述雖然並無虛假，但實際的過程要比我的敘述更辛苦一點。如果是有類似經驗的讀者，說不定早就在懷疑「實際上真的會這麼順利嗎？」。那麼在這個過程中我究竟經歷了哪些挫折呢？本章我們將來介紹鑑定生物時必然會遇到的一大困難——「個體變異」。

另外，本書所說的「變異」是指廣義上的「同種生物間可觀察到的形質多樣性（variation）」，不特別與「多態性（polymorphism）」一詞做用法上的區分。另外，在遺傳學上，有一派日本學者主張「variation」應該翻譯成「多樣性」（或「變動」）（日本遺傳學會，2017），但本書仍採用傳統的「變異」這個譯名。

龍生九子，各不相同

無論是搭公車、等電車、去超商買午餐、抑或是去職場或學校上班上課，坐或站在我們身旁的人，基本上都不會跟自己長著同一張臉。不僅如此，其他人講話的聲音、身形背影、頭髮質地、甚至指甲形狀也跟自己不一樣。像這種明明屬於同一物種（智人），但個體間的形質卻存在差異的現象俗稱「變異」。身為智人的一分子，我們都很理所當然地接受這種「變異」的存在。儘管偶爾會出現所有形質都非常相似的同卵雙生子，不過基本上每個人的形質不同是非常正常的事。由於大多數情況下我們平時最常

見到的生物就是其他智人，因此我們全都擁有「對智人的觀察眼」，可以很輕易看出彼此的差異。

　　基於相同的道理，這種「變異」當然也存在於智人以外的生物中。這世上不存在毛色完全相同的三毛貓，每株大花三色堇開花時的花朵數也不盡相同。被樹汁吸引而來的獨角仙，每隻的大小都有一點差別。這種種差異，除了源自與生俱來的基因差異外，也會受到營養狀態等後天環境的差異影響。而正是這種個體變異把鑑定者搞得暈頭轉向。舉個例子，初次參加蜘蛛觀察會的人，在看到下面三張照片中的蜘蛛時，應該大多會以為這是三種不同的蜘蛛吧。

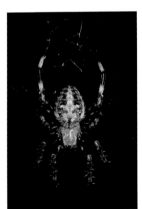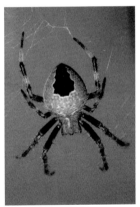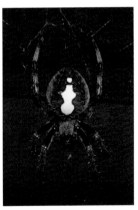

圖4-1　明明紋路完全不一樣……（由鈴木佑彌先生拍攝）

　　然而，這三隻其實全都屬於「青新園蛛」這一個種。明明紋路差那麼多，為什麼卻歸類在同一個種呢？這是因為鑑定蜘蛛時，重要的是「生殖器」的形狀是否完全一致，以及是否在同一地點採集到等等條件。若要更嚴謹的話，還得再進一步研究不同紋路的個體是否可交配繁殖、同一雙親所生的兄弟姐妹中是否存在紋路不同的個體、基因上的差異是否大到可以

獨立成另一個種等等，不過目前尚無研究蜘蛛的學者出來主張這三隻應為不同種的個體。以這三隻青新園蛛來說，它們只是存在「斑紋變異」。

接著，請再看看下面這種棲息於八重山群島一帶的甲蟲「*Amphicoma splendens*」（オオヒゲブトハナムグリ）。

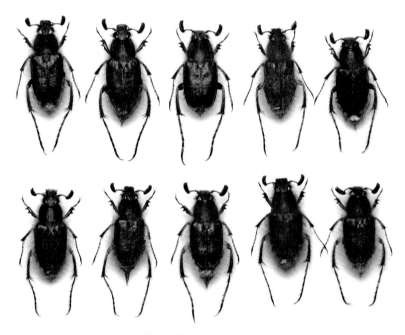

圖4-2　（吉田攻一郎先生拍攝）

這種甲蟲有青色、綠色、黃色、紅色等各種「異色版本」，像這樣排在標本箱內，由於具有金屬光澤，因此看起來常美得讓人移不開目光。這種情況就屬於「顏色變異」。

此外也有兩者組合的「斑紋和顏色的變異」。下面的照片是我在英國採集到的蝸牛「森林蔥蝸牛」。除了在同一片河岸樹林中就能找到黃色、

褐色、粉紅色等不同顏色，就連蝸牛殼上的螺紋粗細和有無也存在個體差異。

圖4-3

　接著，再來看看常被拿來餵蠶的「小桑樹」的葉片變異。

　這些不同形狀的葉子全都來自同一棵小桑樹，甚至全都來自同一條樹枝。若在一無所知的情況下分別看到這幾片葉子，多數人恐怕根本想不到它們竟屬於同一種植物吧。這種情況屬於「外形變異」。

圖 4-4

求同之眼與求異之眼

　　鑑定時經常會遇到不確定到底哪些屬於個體變異，哪些是物種特徵的問題。因此鑑定雖然需要能識別差異的觀察眼，但由於你不可能找到跟圖鑑照片百分之百一致的個體，所以若被個體差異所迷惑，將永遠判斷不出眼前的到底是什麼生物。這是在觀察力稍微提升之後很容易陷入的狀況。在「逐漸可以看出差異」之後，緊接著又掉入「每個看起來都不太一樣耶……？難道是新種？」的陷阱，反而鑑別不出種類。

　　要判斷「這有無可能是同種的個體變異」，就必須反過來去尋找「共同的特徵」。舉例來說，*Amphicoma splendens* 和森林蔥蝸牛的個體顏色各有差異，但外形和質感上卻都很相似。而外形存在個體差異的小桑樹葉，則是顏色和質感十分相似，另外放在放大鏡下看，會發現細毛的生長方式相同。雖說簡而言之就是找出「不變的特徵」，不過做起來卻相當需要經驗。因為究竟哪些特徵是不變的，每個科或屬都不一樣。如果沒有累積大量經驗，看過大量的個體和葉子，並掌握大量不同物種的變異幅度，就無法養成能判斷「這種差異應該屬於個體變異」的「直覺」。

而我自己就在開始觀察蕨類的第二天時，遇到了「紅蓋鱗毛蕨」這堵高牆。

圖4-5

　　後來，那個「模仿某漫畫角色的Twitter帳號」告訴我這幾張照片中的蕨類「很可能都是紅蓋鱗毛蕨」，可是一開始我實在不覺得這幾株會是同一種植物。右邊的倒很符合典型的紅蓋鱗毛蕨，而中間的要說那是剛發的新葉也還合理。問題是左邊那張照片。嚴格來說，這株不算是「變異」，更像是「成長階段的差異」，不過總而言之我翻了好幾遍圖鑑，就是找不到能讓我覺得「就是這形狀」的種。現在看起來，那個小小的圓形鱗片形狀和葉子的質感，的確很符合紅蓋鱗毛蕨的特徵，但卻完全難倒了當時的我。

　　當然，靠我自己鑽牛角尖是找不到正確答案的。於是我暫且放棄，決定先把它歸類為「不明蕨類」，反正等過一段時間自己的眼力成長，或是在研究其他種時偶然有新發現、有機會請教相關領域的前輩、又或是同一株植物以後長出形狀更典型的葉片，自然就會知道答案，所以付出努力過

後還是不知道的話，就可以先暫時放棄沒關係。回想起來我自己的研究也是如此，個體變異是連專門領域的專家都會煩惱的難題。不要妄想剛入門就要搞懂一切，暫時打退堂鼓，耐著性子先繞繞其他路，相信以後自然會慢慢知道答案。

另外雖然不屬於變異，但我也經常遇到有磨耗或缺損的生物。大抵的情況下，植物的葉子都會被蟲啃，而蝴蝶和蛾類翅膀上由鱗粉形成的紋路有時也會因摩擦而脫落。我以前打工調查昆蟲的時候，有一次在野外設置需隔夜回收的捕蟲燈陷阱，結果抓到的蛾不知是不是掙扎時互相摩擦的關係，紋路幾乎全都被磨掉了，讓我不得不放棄辨識。雖然高手可以輕易找出那些不變的特徵，從個體的大小、翅膀形狀、體型等等推測出種名，可要達到那種境界並不容易。在初學的階段，仔細觀察所有特徵明顯的「典型且新鮮的個體」非常重要。

圖鑑上基本不會網羅一個物種所有變異或磨耗的種類。因為那樣得花費異常龐大的時間和精力。除了整理資訊很費力氣，所需的照片或標本也很多。而且同時也很要求使用者的技術。圖鑑上資訊愈多，對初學者就愈難吸收。就像前面提過很多次的，由於剛入門時很難精準地篩選出候選物種，因此若要比較的候選種太多，將很容易讓人暈頭轉向。要對照的東西愈多，就愈容易看漏。

也曾有人提供意見表示「希望盡可能多收錄個體的變異，供初學者參考」，不過我認為到頭來有能力運用收錄大量變異的圖鑑的，始終只有已具備一定實力的專家。就跟初學者一開始就購買收錄物種數多的專業圖鑑，也難以妥善運用一樣。在鑑定蕨類的時候，我一直堅持從「基礎級圖鑑有收錄的常見物種」開始練習。因為我認為累積「基礎修行」，一點一點建立辨識蕨類的觀察眼很重要。

由於生物一定存在「離群」的個體，要認識「所有的個體變異」可以說是不可能的任務。因此圖鑑製作者也放棄了這點。但圖鑑上記載的識別點都是精挑細選過「只要屬於該物種，某種程度上每個個體都一定符合的特徵」。用剛剛的話來說就是「不變的特徵」。這些都是專家們在研究過許多標本，建立相當自信後才敢寫在圖鑑上的，所以圖鑑上的描述都是「前人知識的精華」。正因為如此，我們才應該「閱讀」圖鑑。如何將「每個個體都符合的特徵」描述得「他人也能理解」，是最能展現圖鑑製作者實力的地方。為了做到這點，圖鑑製作者必須與自己的潛意識對話，詢問自己「是用哪裡區辨這種生物的？」。

　　而即便只是口袋圖鑑，但我個人也有製作圖鑑的經驗。所以下一章我將從圖鑑製作者的立場，介紹我自己在編寫圖鑑時會考慮哪些問題。

到底是變異個體還是他種

　　既然每一個個體都不一樣，那麼哪種程度的差異算是「變異」，哪種又該歸類為「不同種」呢？其實這個問題就是在問「什麼是種」，亦即「種的定義」的問題。而這個問題至今已困擾過無數生物學家，並被討論過非常多次。這麼大的問題很難用一個小專欄的篇幅就完整介紹，真要討論的話甚至可以單獨寫一本書，所以此處只做入門級的簡單講解。

　　種的區別基準有幾個不同學派，首先是直覺上最好理解的「形態學種」。這是一種自古以來就存在區分法，主張「若在形態（包含顏色、毛髮分布等）上沒有介於中間的個體，可以進行區別的話，就屬於單獨的種」，「用圖鑑鑑定生物」的行為本身，基本上就是基於這個概念。

　　然而，隨著生物學的發展，我們發現自然界中還存在「雖然形態上無法區別，但實際上不會互相交配繁衍」的案例。於是乎「生物學種」的概念誕生了。這是由生物學家恩斯特・瓦爾特・邁爾提出的概念，用非常簡化的方式來說，其定義就是「可互相交配繁殖的生物視為同種」，反過來說「無法互相交配繁殖的生物則不為同種」。也就是用能否繁衍後代為基準。

　　例如棲息於沖繩本島的「*Heptathela yanbaruensis*」（ヤンバルキムラグモ）這種原始地蛛，就存在著外形上完全無法區別（換言之被鑑定為跟*Heptathela yanbaruensis*同種），但基因上有著明顯區別，且完全沒有雜交繁殖跡象的另一個相似群體。這個群體後來依照生物學

種的概念，被獨立成一個新種「*Heptahtela helios*」。

Heptathela yanbaruensis（左）和 *Heptahtela helios*（右）（鈴木佑彌先生拍攝）

那「生物學種」是萬能的嗎？很遺憾，事情沒有那麼簡單。
因為基因混合，也就是俗稱「雜交」的現象，並非「是」或
「否」的二選題。譬如豹和獅子可以交配繁殖，生出俗稱「豹
獅」的後代，可豹獅卻沒有繁殖能力，無法繼續繁衍下一代，因
此並不能視為「可交配繁殖」。然而，生物學家卻又在自然界發
現很多生物的「雜交種」能繼續繁衍後代的案例。

那麼，究竟能往下繁衍幾個世代才算是「可交配繁殖」呢？
這問題不存在明確的標準。尤其是在植物界，在野外發現雜交種
的頻率遠比動物高得多。實際情況到底是「有 A，有 B，還有 A
和 B 的雜交種」，抑或是「B 也只是 A 的變種」，有時是個很難釐
清的問題。必須進行縝密的研究，大範圍地採樣，確定 A 種和 B
種之間存在明顯的基因差異；或是雜交種並未廣泛存在於這兩個
群體中，分布情況和出現頻率都十分有限，才能夠下結論。

在觀察自然生物時，尤其是像我這種人，往往會糾結於「這

到底是哪種生物」的問題。不過所謂的「種」，有時雖然可以畫出明確的分界線，有時那條分界線卻非常模糊不清，現實上「種」這個分類處於「既存在也不存在」的狀態。雖然人類想把世上所有事物都分得清清楚楚，但大自然實際上卻是混沌的，我們只能接受這個現實。

狹頂鱗毛蕨和同形鱗毛蕨的雜交種「*Dryopteris* × *mituii*（アイノコクマワラビ）」。
這株個體的小羽片形狀像刀片、葉脈凹陷，葉表的模樣很像狹頂鱗毛蕨，
但孢子囊群分布範圍很廣的特性卻是來自同形鱗毛蕨。

人類會在腦中塑造理型

　　本章提到的「共通、不變的特徵」這個概念，很類似日本高中倫理課教的「理型論」。

　　以下都是我個人對這個理論的理解，如果有誤還請見諒。「理型」是古希臘哲學家柏拉圖提出的概念。柏拉圖認為，現實中每顆蘋果的顏色、大小都多多少少各有差異，但我們卻能把它們都辨識為「蘋果」，是因為在「形上世界」存在著「具備所有蘋果的特徵，完美無缺的蘋果」，而柏拉圖稱之為「蘋果的理型」。而由於我們在現實世界出生、得到肉體之前，原本都存在於形上世界，在那裡見過蘋果的理型，因此才能用現實世界的蘋果對照心中的蘋果理型，認出什麼是蘋果。

　　另一個有名的比喻是椅子。柏拉圖舉例說，儘管世界上存在各種不同形狀的椅子，但因為現實世界所有個別的椅子都體現了形上世界中「椅子理型」的一部分，所以我們能將其認識為「椅子」。

　　2400年前的人類能想到這樣的理論，著實令人驚訝。理型論雖然是一個哲學問題，但這個問題的核心其實跟本章討論的「變異」是一樣的。只不過理型論認為人類心中原本就存在完美的理型，而人類的認識行為就是把一個個的標本拿去比對我們心中的理型；但生物學鑑定生物時尋找「不變特徵」的行為，卻是在累積大量標本的觀察經驗後，才在腦中建立「該生物的理型」，順序恰恰相反。順帶一提，「鑑定」的英文「identify」其實就是

「將眼前的標本與（理型）視為一致」的意思。

　　本書文中不時提及的犬子，也在一天天成長的過程中重複著「從個體認識共通特徵」的過程。他在剛開始學說話時就學過「葉子」這個詞，後來我試著教他「蕨類」這個單詞，直到他能正確指著蕨類喊出「蕨類」。

　　於是我又指著陽台上種的各種植物葉子，考考他「這是什麼？」，結果發現他已經會用自己的方式去區分哪些是「葉子」，哪些是「蕨類」。在他的眼裡，茄子、菫菜、百合科的油點草、回回蘇的葉子都屬於「葉子」，而楓樹和齒瓣虎耳草則屬於「蕨類」。

　　雖然在我看來，楓樹和齒瓣虎耳草的「掌狀」葉片，跟我當初教他蕨類一詞時所用的羽狀複葉長得完全不同，但腦中只有「葉子」和「蕨類」兩個選項的犬子，似乎是看到了掌狀葉和羽狀複葉都「有著明顯裂口」的共同特徵，才判斷它們都屬於「蕨類」。這個插曲使我不禁意識到「人類語言理解事物的方式過於簡化」，的確是一次很有意思的觀察。

第 5 章

圖鑑製作的幕後

有勇無謀的決定

我跟跳蛛這種生物的初次邂逅，是在2006年的高中時代。考上高中那年，從小就喜歡昆蟲的我用壓歲錢買了人生中第一台數位相機，並熱衷於在家裡附近的草地拍攝蝴蝶等昆蟲。然後就在某天，我在草叢中發現了一隻腹部呈鮮豔橘色的蜘蛛，並替它拍了張照片。

以我當時的知識，多少還知道那隻蜘蛛是「跳蛛」的一種，於是就上網查了查資料，最後因緣際會點進國末孝弘先生的網站「J-S-P-G」（圖5-1）。國末先生的本職是設計師，攝影只是個人興趣，但他把這些體長不到1cm的小蜘蛛們拍得相當生動鮮明。

那些照片之美，以及跳蛛科下存在非常多不同種類的事實，讓我受到了巨大的震撼，就這樣一頭栽進了跳蛛的世界。我還記得當時的我每找到一隻不認識的跳蛛，就會寫信請教國末先生這到底是什麼種。

這份熱情一直延續到了大學。為了唸大學，我搬到了茨城縣筑波市，並

圖5-1　令高中時的我大為震撼，國末先生的網站「J-S-P-G」。

在大學期間跑到各地旅行，在當地與旅行途中拍了各種跳蛛的照片。在那個過程中，我得知日本國內存在很多尚未被命名的「未登錄種」跳蛛，並因此一腳踏進了專門替這些新種生物命名的學科——「分類學」。

研究蜘蛛的學者和愛好者都對年輕人非常親切，這個社群本身的文化也很樸素親民，非常舒適。多虧前輩們（大多都是我父母那輩）教了我很多，提供我許多標本，我的研究才能一帆風順，順利公布新物種的發現。

就在那時，第三章提到的《蕨類手冊》的出版方：文一綜合出版社的編輯志水謙祐先生突然跑來找我，說想替該系列出一本《跳蛛手冊》，對我提出邀約。原來，間接引領我走進跳蛛世界的設計師國末先生，經常從志水先生那裡接到文一綜合出版社的書籍和雜誌工作。而國末先生在聽說這件事之後，就把我介紹給了志水先生，因此才組建了跳蛛手冊的製作團隊。

當時我仍在攻讀碩士，所以並沒有在找工作。原本我打算畢業後找一份穩定工作，考個公務員或教師，結果這個計畫就這麼被推翻了。我依稀記得自己當時是這麼想的：

沒有人知道自己的一生會遇到哪些事（不久前才剛發生東日本大地震），而這本《跳蛛手冊》說不定會是我這一生有機會唯一留給世人的著作。假如現在我去就職的話，由於剛上任對新工作不熟悉，肯定沒辦法分神發揮全力來寫這本書。

為了未來的穩定，放棄青春年華的夢想和熱情，究竟值不值得？話說回來，「穩定最重要」本來就不是我從自己的人生中所得出的價值觀，而是周圍的長輩灌輸給我的不是嗎？難道我要用別人的價值觀來決定自己的人生……？

左思右想後，我決定在碩士畢業後成為一名自由工作者，全力投入跳

蛛採集的工作。當時我認為這是最好的決定，可如今回想起來卻是一場有勇無謀的豪賭。

　　儘管之後我又順利考上了教職，但老實說我完全不推薦其他人效仿我的做法。不過，事實上我的確過得很開心，那段時間的回憶直到今天仍是我的心靈支柱。

　　成為自由工作者後，我透過在學生時期研究跳蛛時建立的人脈，靠著替人田野調查和鑑定標本來賺取旅費，以征服所有日本本土種為目標，前往全國各地採集跳蛛。我從許多研究跳蛛的同好那裡搜集情報，或是請他們帶路、或是請他們幫忙採集，穩定地搜集到愈來愈多種跳蛛。期間，我也曾一度陷入銀行帳戶只剩下503塊日圓的危機，但最後還是成功拍到當時一百零五種已知物種中的一百零三種。

如何安插引導

　　拍好照片後，接下來就要開始動筆和編輯。因為不是專業書刊，所以解說的部分可以比較簡略，可若把所有已知物種都放進圖鑑，這本圖鑑就會變成「收錄物種數量很多」的那種圖鑑。收錄種類一多，要對照的候選數就會增加，若不提供完備的資訊，使用者就很難查到正確的物種。因此，為了減少需要對照的候補選項，我在圖鑑中放入「依發現地檢索」的單元（圖5-2）。

　　這個單元利用了每種跳蛛的棲息環境不同的特性，將可能發現的區域分成了「家中」、「住宅外牆」、「農田、草地、或河岸的地表」、「樹林地

的雜草或樹上」等情景，將這些情境中可能出現的候選全部羅列出來。

圖5-2

例如，基本上日本常出現在住家內的跳蛛只有三種，所以讀者在家裡發現跳蛛時，就不需要把一百零五種跳蛛全都對照一遍。就像前幾章說過很多次的那樣，要確認的種類愈多，使用者就愈容易漏看，所以我想讀者可以用發現跳蛛的情境來過濾出少數候補，再從中找出自己覺得特徵最吻合的那個。

讀者翻到他們覺得最吻合的那個種類的頁面後，會看到該物種雌雄兩種性別的照片和特徵描述，而這裡也安插了「引導」。

如同我在本書反覆主張的，初學者不可能一開始就正確地掌握到生物的特徵，所以他們認定的「很像」往往是錯誤的。因此，我在所有物種的專頁都附註了「易與此種混淆的物種」等「對立候選」，並介紹了可以從哪些特徵來區辨它們（參照圖5-6）。

我希望透過這些引導，讓讀者即便一開始判斷錯誤，也能在比較其他對立候選後找到正確答案。即使一開始犯錯也沒關係，只要加以修正就好。為了幫助讀者去思考「哪種跟哪種容易混淆」，可以互相對照，我還把所有種類的照片都自己印了出來，一張張攤在當時住的公寓地板上，替它們分組。

編排順序的部分也是，雖然有點對不起我的研究，但我決定無視分類

系統按照「整體外形相似度」來排序。例如，日本本土種中外形類似螞蟻的跳蛛有三個屬。這三個屬之間雖然毫無親緣關係，但為了方便新手查閱，我決定把它們排在一起。

圖5-3　實際上非近緣種，長得很像螞蟻的跳蛛。

何謂好用的圖鑑？

　　相信一路讀到這裡的讀者應該都已發現，在我的心目中，「好用圖鑑」的定義就是「容易過濾出最佳候選答案的圖鑑」。而要做到這點，除了放入圖鑑編寫者精心設計的引導外，另一個方法就是「不收錄沒有比對需求的選項」。

　　打個比方，想像有一本網羅了地球上所有語言的每個詞彙之「全語言辭典」（這本辭典的頁數將非常驚人，恐怕會長得像根柱子）。然後有一天，你突然想查「母衣」這個詞。挑這個詞沒有什麼特別的原因，總之我們知道這個詞是日語。不過只要知道這個詞是日語，也就沒必要特地用「全語言辭典」來查了對吧。

　　圖鑑也是如此。塞入太多沒必要比對的選項，只會讓圖鑑變得難用。話雖如此，若自己想查的物種不在書上，收錄率太低的話也會很困擾。

　　因此世界上大多數的圖鑑都會把收錄的物種分成幾個類群，而其中一種分類方法就是「用地域分類」。例如住在北海道的人想鑑定在自己家附近發現的跳蛛，就不需要去對照「日本跳蛛全圖鑑」中只分布於西南群島的種類。這個人也許會心想——如果圖鑑上只收錄北海道有的種類就好了。現實中的確存在這種圖鑑。像是《北海道的蝶與蛾》、《沖繩蜻蜓圖鑑》、《高尾山的花》等等，除此之外還有很多很多。甚至也有依照特定情境編撰，如《我們身邊的雜草手冊》這種專門介紹一般人住家附近或盆栽中自然生長的草本類植物之圖鑑。

　　對於這一類圖鑑，讀者不需要去一一確認所有日本本土生長

的物種，圖鑑製作者也可以在有限的篇幅中放入更多「對讀者而言有重要性」的物種，提高讀者在圖鑑中找到目標對象的機率。我認為這是「何謂好用的圖鑑」的其中一種答案。

失去的感覺

　　在編寫各種跳蛛特徵的階段，我為了把自己潛意識用來識別跳蛛的方法化為語言而煞費苦心。例如，因為「短額扁蠅虎」(圖5-4左)和「螺蠅獅」(同圖右)在我眼裡「完全不一樣」，所以就算有人問我「究竟哪裡不一樣？」，我也不知道該如何解釋。

圖5-4　這不是完全不一樣嗎！

　　這就好像一般人如果走在街上突然被人問道：「欸欸，剛剛走過去那個人跟你長得好像耶，你們兩個到底有什麼不一樣啊」，反應十之八九通常會是：「呃，根本不像吧……你這麼問我我也不知道怎麼解釋……」，不曉得該如何回答。當然我也可以直接寫在書上寫「這兩者很容易區分，通常不會認錯」，但我自己以前使用其他生物的圖鑑時，就曾對這種敘述感到非常不爽，所以我決定努力說明清楚。於是我反思自己在觀察實物時的感覺，歸納出以下觀察心得。

短額扁蠅虎	螺蠅獅
亮色部分是亮灰色。腹部不太細長。常出現在日照良好的牆面，比想像中敏捷好動。	亮色部分是略帶褐色的暗灰色。腹部略細長。日照良好和陰暗處皆有出沒。棲息在樹木的裂隙或樹皮的夾縫間，常常一動也不動地蹲伏在巢穴附近。很大。

　　即便我自己覺得這些情報差不多足以用來判斷了，可是其他人好像還是看不太懂腹部長短這種形容詞，除非腦中已對跳蛛科的腹部形狀有一定認知，否則一般人根本摸不著頭緒。因為用區分標準明確的特徵來解說會更好，於是我重新仔細比較了一下這兩種跳蛛，發現短額扁蠅虎的背部邊緣有條白色的紋帶。除此之外，雖然有點細不容易察覺，但短額扁蠅虎的暗色帶位置比螺蠅獅更靠近背面，覆蓋到了後側的眼睛。

圖5-5　箭頭處即後側眼。兩種蜘蛛的後側眼和暗色帶的間距不同。

　　我感覺這兩點應該很容易區分，就把它們寫進解說中。接著我對每個種都做了同樣的工作，在這過程中，我也認識到了自己在潛意識中原來是

用這些差異來區辨跳蛛的。一如短額扁蠅虎的例子，我在書中還加上了很多「儘管自己不是用它們來區分的，不過對讀者而言更好理解」的特徵。畢竟當觀察的對象變成專門的研究題目後，眼力已被鍛鍊得太過敏銳，遠遠偏離正常人的感覺了。

讓使用者對自己的成長有感

提供大多數人都能理解的識別點固然重要，但觀察力提升後才能看見的特徵也是很重要的資訊。例如細微的顏色特徵、體毛的整體觸感、頭部形狀、姿態等等。這些特徵在有觀察眼的人眼中，都是能為鑑定過程提供有力提示的情報。

諸如此類的資訊，我在《跳蛛手冊》中都用「慣」的圖標註記（圖5-6）。標有「習慣」圖標的特徵，屬於初學階段不容易理解，但在鑑定過大量跳蛛後，就能逐漸明白其中差異的特徵。

與此同時，這也是一個給讀者自我檢測的指標。如果你對「慣」內的敘述產生共鳴或認同感，就代表你的眼力已經有了不少提升，除了能夠識別該頁介紹的物種，也能認出其他很多種跳蛛了。

圖5-6
各物種的介紹頁。能看懂「慣」內描述的特徵，
就是成長的證明。

這張照片有多可靠？

一如前章所述，所有生物都存在個體「變異」，我們自己發現的個體不可能完全符合圖鑑上的照片。所以有時就算在圖鑑上找到了正確答案，也會覺得好像不完全一樣，不是很有自信。

話雖如此，我實在沒有那個毅力替每個種都抓好幾隻不同個體來拍照，因此我決定在解說中放入「可能有哪些個體變異」的單元。而討論可能有哪些個體變異，也就是在討論「這本圖鑑上的照片有多可靠」。

例如，當圖鑑上說某跳蛛的「斑紋濃淡存在個體差異」，就是在告訴

讀者即使你發現實際樣本跟照片上的顏色有點不同，也可以忽略不計。相反地，若圖鑑上說「體色、斑紋十分固定」，讀者就會知道「儘管長得很像，不過因為紋路不符合，所以很可能不是同種」。感覺就好像「作者的補充說明」。

本書誕生的經緯

前前後後花了大約五年的時間，《跳蛛手冊》終於在 2017 年 6 月出版上市。儘管這個案子對現在的我而言已像是「過眼雲煙」，但多虧這個案子，我才學會了如何將鑑定生物時自己腦中無意識的作業轉化成語言。

看過讀者對我的書留下的評論、其他圖鑑的書評，以及 Twitter 上各種「請問這是什麼蟲」、「這叫○○」、「請問要看哪裡辨識」的互動後，我深深體認到人類辨識事物的行為其實是非常潛意識的。不懂的人腦中自然是一團矇矓，但就連行家其實也比諸位想像中更加依賴「直覺」。結果，或許是為了讓鑑定技術看起來像一種「專業技巧」，行家們也刻意避免將這門技術言語化。畢竟這的確不容易，也難怪行家們不希望這門技術因此被人小看。

在這樣的現況下，看到那些剛入門就遇上瓶頸而變得「討厭鑑定」的人，我不禁產生一股想告訴他們「鑑定其實很有趣」，將快樂分享給他們的衝動。物種辨識，是一種能直接品味這顆行星豐富的生物多樣性，令人心神雀躍的活動。於是我開始心想，能不能由我來搭一座橋，留住那些因心懷興趣而踏入這世界的同好呢？就這樣，我開始動筆編寫這本《物種辨識技巧大解密》。

我想說的事，相信在前面幾章應該都表達得差不多了，所以最後一章我將重新站在「使用者」的角度，跟大家分享我自己挑戰鑑定各種不同昆蟲，與各種資料搏鬥後才找出正確種名的經驗。

圖鑑不是一天編成的

對從事自然觀察的人來說，圖鑑就像「道路」。依靠圖鑑這條大道，我們才得以一點一點地理解地球上廣袤的自然生態。

然而，圖鑑本身也是人類建立的。而搭建圖鑑的磚石則是分類學和生態學的一項項研究。用非常粗略的方式來解釋，所謂的分類學就是去整理某種蜘蛛具有什麼樣的特徵，跟哪些蜘蛛的親緣關係比較近；而生態學研究的是這種蜘蛛吃什麼，又跟哪些生物有什麼樣的關係，調查它們的生活樣態（以下為了方便全部用「蜘蛛」當例子，但引號內換成其他任何生物都可以）。

而「命名」是分類學的最基本工作。替一個生物取名，就意味著「這個蜘蛛都具有這樣的特徵，並且跟其他已經有名字的任何一種蜘蛛都不一樣，所以需要一個新的名字來稱呼它」。這裡說的名字叫「學名」，而定義一個種並描述其特徵，為它取學名的行為則叫「發表新種（species description）」（或簡稱「發表」）。被授予新的學名，認定為獨立種的生物稱為「新種」。新種通常會在學術期刊刊登的論文或專業圖鑑上發表，在這些文章出版之前，那些尚未正式擁有學名的種則叫「未紀錄種」。

在發表新種的時候，會同時指定一個個體作為代表該物種的標準。這種標本叫做「模式標本」，通常由博物館保存。

前面雖說新種的定義是「跟其他已有名字的任何一種蜘蛛都不一樣」，但實際上並不需要把新發現的個體跟全球近五萬種已知的蜘蛛都比較一遍。雖說是未紀錄的新種，但其實大多情況下

從它的顏色、紋路、形體、蜘蛛的重要特徵——生殖器形狀，現代則還有基因情報，就能大致推測出它跟哪種蜘蛛的血緣關係較近。確定它屬於哪支家族後，就可以詳細比較那些跟它血緣關係更近的種。有時只需要比較一個種，也有些時候需要認真比較五十甚至一百個種。生物學家會搜集這些近緣種發表時的文獻，以及有收錄它們資料的圖鑑等等，仔細閱讀文獻內的記述，看看有無跟被認為是未紀錄種的標本一致的種。又或是請各地博物館將他們保存的模式標本寄來，或親赴當地，跟手邊的標本比較對照。以蜘蛛為例，「World Spider Catalog」這個網站已經將所有已命名的蜘蛛分門別類整理好了，可以馬上查出哪幾種蜘蛛是不是需要比較的對象。

　　確定手上的標本跟任何一種近緣種都不一樣後，生物學家才會開始寫論文發表。寫好後還要投稿到學術期刊，經過專家審查，獲得刊登後，新種才算正式誕生。

近年我發表的新種之二：
Stedocys amamiensis（アマミアシナガヤマシログモ）
和 *Stertinius ryukyuensis*（リュウキュウミナミツヤハエトリ）

　　這個新種有可能是「從來沒有人見過的蜘蛛」，也有可能是「儘管已經有很多人抓到過，可是還沒有被命名的蜘蛛」。此外

也有大家本以為是同一個種，但仔細研究後才發現底下其實還分成數個種的案例。日本近三年也發表多達二十種蜘蛛新種。

而圖鑑則是將這些發表新種的論文，以及過去圖鑑的資訊加以整理簡化，再附上辨識所需的新攝照片或插圖後編寫而成。其中與生態有關的資訊，大都來自生態學的論文、同好會誌的行動觀察紀錄等等。這一篇一篇的文獻，就是建造圖鑑的磚石。像「○○蜘蛛會捕食××」這種看似微不足道的觀察紀錄，只要認真投稿到同好會誌上，未來說不定也有機會變成圖鑑的一部分喔。

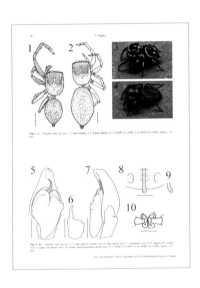

第 **6** 章

沒有盡頭的
辨識荒野

學校可以抓到幾種昆蟲？

「須黑老師，請問這是什麼蟲啊？」

我現在在小學擔任理科教師，每天都會有小朋友抓蟲跑來拿給我看。或許是因為年紀還小，即便他們都是都會區土生土長的現代兒童，卻意外地有很多昆蟲迷，而我也很享受在午休或放學後跟他們一起到處抓蟲。順帶一提，我在抓蟲的時候並不把自己當老師，而是抱著「跟朋友一起去捕蟲」的心境在玩。能在職場上遇到其他喜歡昆蟲的同伴，並一起到處冒險，實在是太幸福了。

自從來到這間學校任職的那天，我就展開了一項調查計畫，直到現在仍在進行中。那就是建立校地內的所有昆蟲和蜘蛛的清單，換言之，即是針對昆蟲和蜘蛛的動物相（Fauna）調查。這項計畫最初是在另一位理科教師前輩的建議下才開始的。但老實說，最初我其實沒什麼興致，認為「這種大都市內的一小塊自然綠地，哪有可能找到什麼有意思的昆蟲」。

然而做著做著，我才發現自己的想法大錯特錯。以群落生境為中心，清單上的記錄種數不停增加，直到第六年的現在，已經足足超過了八百種。除了一部分預定要另外發表的分類群外，這份名單預計將於近期在生物愛好者的網路雜誌《小眾生活（ニッチェ・ライフ）》上刊載。名單上甚至還能看到日本環境省和東京都公布的瀕危物種紅色名錄之中的物種，可見儘管面積一點也不大，學校內的綠地卻是都市中各種不同生物的寶貴棲息地。

這八百種還只是「被我鑑定出種名的物種數」，實際上棲息在校區內的昆蟲應該至少超過一千種。但鑑定出這八百種昆蟲的過程可是一點都不輕鬆。這一方面也是因為我以學術調查為目的在鑑定，所以對辨識精準度

的要求，遠遠超過對現在的我來說只是「觀察來消遣」的蕨類。要製作正式的名錄對外發表，留下紀錄，就必須盡可能排除誤判，查出正確的種名。因為不嚴謹辨識留下的紀錄會讓後來的研究者產生混亂，所以負責刊登的雜誌無論如何都必須有自己在從事學術活動的自覺和責任感。

因此，即使我查到某個自己認為是正確答案的種名，心裡已大致有個底，也還是得盡可能檢查其他候選的近緣種；在有所疑慮時，也不能硬著頭皮勉強押一個種名上去，必須考慮只將其標註為「○○屬的一個種」，或是不登錄到名單上。且使用的資料都有可能變成專業圖鑑或其他人的論文，所以對文字敘述的詮釋也要十分小心。

在本章，我將會詳細介紹我是如何運用這些資料，一步一步找出在學校抓到的其中一隻昆蟲的種名。儘管每隻蟲的鑑定過程都不太一樣，但在看完之後，你或許會對辨識出一種昆蟲的種名所經歷的步驟之多感到吃驚呢。

葉蜂辨識挑戰

現在住在關東的平原地區，可以深深感受到日本的「年度」分割得有多好。每年「過年」前後，日本的季節都會發生極大變化。譬如，冬天時一片枯黃的農田，過完年後就會迅速冒出救荒野豌豆、薺菜、阿拉伯婆婆納、寶蓋草等草本植物。

此時，農田裡可以抓到很多葉蜂科的昆蟲。葉蜂雖然跟其他蜂類一樣同屬膜翅目，卻沒有毒針，大多在幼蟲時代是吃植物的葉子長大的。葉蜂雖然是在學校裡也能抓到的常見昆蟲，但實際嘗試後，才了解它們辨識起

來有多麼困難。

　　日文的「葉蜂（ハバチ）」指的是葉蜂科下的*Pachyprotasis*屬，這是一種身體呈淡綠色或青芽色，長有淡綠或黃綠色紋路的昆蟲，我從以前就很想鑑定它們，但由於找不到比較全面性的日本本土種資料，因此始終沒法挑戰。直到近幾年，北海道大學出版會出版了一本名為《日本產葉蜂・樹蜂類圖鑑》（暫譯，《日本産ハバチ・キバチ類図鑑》，內藤、篠原、伊藤，2020）的大圖鑑，於是我便買了這本圖鑑，再配合《大阪府的葉蜂・樹蜂類》（暫譯，《大阪府のハバチ・キバチ類》，吉田，2005）這本圖鑑，開始挑戰鑑定在學校抓到的葉蜂（圖6-1）。但限於篇幅，從膜翅目到*Pachyprotasis*屬中間的辨識過程在此割愛省略。

圖6-1　下面將要辨識這隻。

注意檢索表的用法

在《日本產葉蜂・樹蜂類圖鑑》中，收錄了大量品質優秀的標本和活體照片。然而，外貌相似的種類非常繁多，在沒有分辨葉蜂眼力的狀態下，光用這些照片挑戰「找找看有哪些不同」的遊戲，儘管不是完全不可能，不過要辨識出正確物種的可能性非常低。所以，我決定先「閱讀」認識圖鑑上用以鑑定種名的特徵，但若要把每個種都從頭到尾讀一遍，就算只讀 *Pachyprotasis* 屬的部分也相當累人。

此時就輪到很多圖鑑上都有提供的「檢索表」出場了。檢索表是一種流程圖，會一層一層列出各種特徵讓讀者比對，慢慢縮小可能的候選，最後找到正確的種名。只要利用檢索表，即使不把所有種的解說都讀完，也能用手上的標本完成鑑定。因為 *Pachyprotasis* 屬的辨識難度很高，所以我們先用其他昆蟲當示範，介紹如何利用檢索表進行辨識。

圖6-2

上圖是我在鄰近市區的山上抓到的椿象（圖6-2）。它長得很有趣，身上竟然黏著一個蜘蛛卵（正確來說是「卵囊」，是用蜘蛛絲織成用來裝卵的袋子）。因為相當少見，我就把這項發現報告給同好會誌。這隻椿象屬於稻黑蝽屬

（*Scotinophara*）家族，而這個屬下面還有好幾個種，所以我們要使用《日本原色椿象圖鑑 陸生椿象類 第三卷》（暫譯，《日本原色カメムシ図鑑　陸生カメムシ類　第3卷》，石川、高井、安永（編），2012）的檢索表來辨識。

1. ｜ 頭部側葉跟中葉的前端幾乎完全對齊 ➡ 稻黑椿象
   ｜ 頭部側葉超過中葉凸出 ➡ 2

　　補充說明一下，使用檢索表辨識並不容易。首先你必須知道該生物各部位的專有名詞，也需要具備能夠正確解讀特徵的知識和經驗。話雖如此，上面的「1」項敘述十分好懂，通常不會混淆。

圖6-3

　　椿象的頭部前端分成三瓣，而頭部側葉、中葉分別是指左右兩側和中間的部分。圖6-3的左照是這次要鑑定的標本，屬於「頭部側葉跟中葉幾乎完全對齊」的狀態。右邊則是我以前抓到的另一種稻黑椿屬椿象，它的頭部特徵是「頭部側葉超過中葉凸出」。換言之，我們可以確定這次要鑑定的標本就是「稻黑椿象」。而右邊的標本要繼續前進到「2」項，對照下一個特徵，尋找符合的物種（順帶一提這隻是短刺黑椿象）。

在了解檢索表怎麼用後，就讓我們回到主題，開始用檢索表鑑定那隻 *Pachyprotasis* 吧。

1.
| 後腳基節呈黑色，且中央有卵形斑紋 ➡ 2
| 後腳基節呈黃白色或黑色，又或者黑中帶有黃白色橫紋 ➡ 5

圖6-4

我們的標本後腳基節（圖6-4的虛線處）是黃白色的，所以要跳到「5」。此時，我在「1」項處註記了「有自信」提醒自己，也就是「解釋錯誤的可能性非常低」的意思。

5.
| 前翅緣紋是白黃色或綠白色 ➡ 6
| 前翅緣紋是黑色或黑褐色 ➡ 7

圖6-5

　　我認為我的標本屬於黑褐色（圖6-5箭號處）。所以跳到「7」。「5」項也是「有自信」。

7.
| 複眼內緣下方是彎的 ➡ 8
| 複眼內緣幾乎完全平直 ➡ 11

圖6-6

這題就很難了。複眼內緣，也就是複眼內側的輪廓（圖6-6紅線處），雖然我的標本可以確定不是直線，但這到底算「下方有彎曲」還是「幾乎平直」，沒有足夠的觀察經驗很難判斷。關鍵是「幾乎」這個副詞，讓人感覺「兩個都有可能」。這就是使用檢索表的困難之處——「當遇到不知如何判斷的項目時，一旦判斷錯誤就沒法回到正軌」。例如，假如我認為這個標本是「彎曲的」，但照作者的標準卻是「幾乎平直」，那麼解釋錯誤跳到「8」項的我就永遠不可能抵達正確答案。

想要正確使用檢索表，就必須「精準無誤地理解特徵」，而這是個難度很高的要求。實際上，就像現在我挑戰 *Pachyprotasis* 一樣，對於第一次接觸的分類群，這基本上可以說是「不可能的任務」。雖然用得好的話，檢索表可以有效在收錄物種數較多的圖鑑或論文中幫你縮小候選範圍，是個很強大的工具，但它卻有很高的使用門檻。

某位可算是我的「蜘蛛師父」的老師曾半開玩笑地說過「這世上真正能用好一張檢索表的，就只有那張表的作者本人」。這一方面是因為使用者的程度不夠，另一方面也可能是因為製作者未能將該生物的特徵整理、描述成其他人能理解的文章。可不論哪一種，一旦在檢索表中走錯路，都會導致辨識失敗。

但我不想輕易舉白旗投降，決定再掙扎一下。換言之，我決定「8」和「11」兩條路都走走看。此時我不需要回到「1」重新開始。因為「1」和「5」都是「有自信」的部分，換言之「選對路的可能性很高」。所以說，讓我們先走「8」的路看看吧。

8. 頭部是粒狀結構，無光澤 ➡ *Pachyprotasis antennata*（キムネキモンハバチ）

頭部幾乎無雕紋，有光澤 ➡ 9

嗯——我覺得我的標本有些許雕紋（外骨骼表面存在某種凹陷結構），但感覺也不太符合「粒狀結構且無光澤」的描述（圖6-6）。而且我的標本感覺是有光澤的……此時必須牢記一件事，那就是「假如我現在走的路徑不正確（走11項才是正確的情況），那標本就有可能不符合這一項的任何一條特徵」。像這樣必須一邊考慮愈來愈多種「假如」一邊不斷前進的狀況也常常發生。

　　總而言之，我對「8」項也是「沒有自信」，所以 *Pachyprotasis antennata* 也暫時放入候選名單內。很遺憾的是，這本圖鑑中除了檢索之外，就沒有其他關於這個物種的解說，也沒有照片。這個種在歐洲也有分布，我用學名在網路上搜尋後找到了很多圖片，用這些圖片跟手中的標本相互比較後，我發現兩者中胸盾板中葉（圖6-8）的紋路不一樣。

　　但這裡要注意的是，網路上的圖片經常標錯種名。有時甚至會出現「幾乎每張照片都不一樣」的狀況。不論國內外皆然，網路上找到的圖片，除非來自分類學家或論文等專業資料庫，否則都不可信賴。最好把它們當成「個人意見」（有時就連分類學論文裡的照片都會辨識錯誤，所以可信度最高的就只有模式標本而已）。

　　然後我又在 Google Scholar 搜尋，找到了一篇似乎有提及 *P. antennata* 的中國論文（Zhong, Li & Wei, 2017）。但由於無法直接下載 PDF，因此我就寄信給其中一位作者 Li，拜託他寄 PDF 給我。對方在當天就回信，並附上了 PDF。我看了看論文，發現 *P. antennata* 的整個中胸前側板都是黃白色的，而中胸盾板中葉的黃紋是 V 字形，跟我手上的標本特徵並不相同。

　　這麼一來，我終於能消除 *Pachyprotasis antennata* 的可能性（嚴格來說，此時最好再對照 *P. antennata* 發表新種時的原始論文會更理想）。於是，我放心地往「9」前進。

雌性的中胸前側板全都是黑色，雄性的在前側中央有黃紋。雌性的頭盾是黑色。雄性的後腳脛節全都是黑色 ➡ *Pachyprotasis hakusanensis*（ハクサンキモンハバチ）

9.

中胸前側板整體或除上側邊緣的三角形黑紋外皆為黃白色。雌性的頭盾是黃白色。雄性的後腳脛節是黑色，且末端附近有黃色環紋 ➡ 10

圖6-7

　　我手上的標本是有卵鞘（位於腹部，包裹產卵管的鞘）的雌性，中胸前側板（圖6-7）是「黃白色且上側邊緣和下半部三分之一是黑色」，抑或是「黑色且中央有黃白色粗紋」的感覺。換言之，不符合「9」項的任何一條。因此，從「7」到「8」這條路是不正確的。難怪「8」項讓我有點摸不著頭緒。但這個過程絕對不是白費力氣，為了辨識出正確的種名，逐一排除其他選項是非常重要的工作。於是乎我們再回到「7」，重新走「11」這條路（也就是說，我這個標本的複眼內緣在作者看來是「幾乎平直」的）。

11. 頭部被緻密皺摺覆蓋，缺少光澤 ➡ 12

頭部的雕紋很淺，具有光澤 ➡ 18

這一項跟「8」有些類似，不過這裡我能很快就判斷出要走「18」（圖
6-6）。

18. 中胸盾板平滑，有密集但分離的小點 ➡ 19

中胸盾板沒有明顯且密集的小點，且無雕紋，或有不明顯的皺褶或網
狀結構。即使有小點也稀疏不明顯 ➡ 23

圖6-8

儘管我覺得我的標本有微小的白點（圖6-8），不過有點難說到底屬於
「有密集但分離的小點」還是「即使有小點也稀疏不明顯」。沒有自信！
所以兩條路都檢查一遍。

19.

頭盾是黑色。中胸前側板及後腳腿節是黑色 ➡ *Pachyprotasis albicoxis*（メスグロキモンハバチ）（雌）

頭盾是綠白色。中胸前側板及後腳腿節是黑色和綠白色的斑紋模 ➡ 20

圖 6-9

如圖6-9的虛線圈起處，我的標本頭盾並不是黑色，所以走「20」。

20.

中胸盾板側葉是黑色 ➡ *Pachyprotasis albicoxis*（雄）

中胸盾板側葉的中央帶有黃白條紋 ➡ 21

指的是圖6-8的V字形斑紋。故走「21」。

21. 中胸前側板中央下邊的黑帶沒有碰到前緣。前、中腳腿節的黑條沒有碰到基部 ➡ *Pachyprotasis serii*（セリシマキモンハバチ）

中胸前側板中央下邊的黑帶有碰到前緣。前、中腳腿節的黑條有碰到基部 ➡ 22

圖6-10

從圖6-7、圖6-10可見，應該走「22」。

22. 中胸盾板中葉的側面前方和中央後方邊緣有三角形黃紋 ➡ 黃紋厚葉蜂

中胸盾板中葉的側面有很粗的V字形黃紋 ➡ 仙鎮方顏葉蜂

我手上標本的中胸盾板中葉的紋路感覺是「兩側有三角形的黃白紋」（圖6-8），跟「22」的兩個敘述都不符合。因為再次走到死胡同，所以也不是這條路線。於是回到「18」重走「23」。

23.

| 單眼後方側溝全部都很清晰 ➡ 24

| 單眼後方側溝後半部深刻清晰，前半部較不清晰 ➡ 35

　　這裡因為光線問題，雖然拍得不是很好，但我最後判斷是「24」（順帶一提，其實這題我不是很有自信，所以也有把「35」走過一遍，確定是死路，但因過程太長故省略）。

24.

| 中胸盾板中葉的側面前方，有細長的三角形黃紋 ➡ *Pachyprotasis pallidiventris*

| 中胸盾板中葉側面有一條粗 V 字形的黃紋 ➡ 25

　　哦哦!!我的標本跟 *Pachyprotasis pallidiventris* 的敘述相當吻合（圖6-8）！不過我沒有操之過急，還是仔細檢查 *Pachyprotasis pallidiventris* 的說明跟標本照片。似乎沒有矛盾之處。這麼一來就能把 *Pachyprotasis pallidiventris* 放入校園昆蟲名錄中了。

　　另外補充一個細節，事實上我並非「完完全全確定手上的標本就是 *Pachyprotasis pallidiventris*」，正確說來應該是「找到足夠的證據，主張手上標本是 *Pachyprotasis pallidiventris* 的可能性很高」。辨識的結果充其量只是假說，但我盡可能檢討過所有可取得的資料，包含國內集大成的圖鑑後，找到了足夠的根據來判斷手上的標本跟此物種既有的描述沒有矛盾。

　　這次我主要使用《日本產葉蜂、樹蜂類圖鑑》來鑑定，也參考了《大阪府的葉蜂、樹蜂類》這本圖鑑。尤其此圖鑑的 plate 12 中關於各種葉蜂的頭部和中胸側板斑紋模式的一覽圖（圖6-11），是非常清楚好懂的視覺資料。這張一覽圖網羅了所有日本的原生種，再用檢索表來彌補其他無法用這張一覽圖區別的組合，感覺會比完全按照檢索表來查詢更好用。

標本數愈多愈好

　　在迷惘不知該如何解讀圖鑑的敘述時，一如前面提到的稻黑椿象的例子，若身邊有一個「可比較的近源種標本」，便可大幅降低鑑定的難度。譬如葉蜂檢索表的項目「11」，我選了「頭部的雕紋很淺，具有光澤」這個選項；若此時手邊有另一個符合「頭部被緻密皺摺覆蓋，缺少光澤」這條敘述的標本，就能互相比較，知道該選哪個。於是我就找了一下，結果還真的找到了。

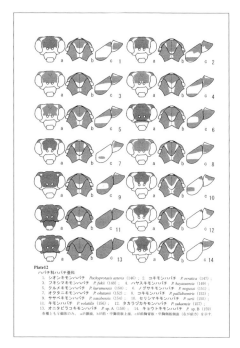

圖6-11

　　圖6-12右邊的「無光澤」個體，再往下繼續檢索後，鑑定為屬於「*Pachyprotasis okutanii*」這個物種。若手邊有好幾種近緣種的標本，就能成為鑑定時的強心針。

　　除了物種數外，個體數也很重要。如同在第四章說過的，生物存在個體變異，每個個體都有些許差異。圖鑑的描述都是基於原則和典型的個體，因此若手邊的標本剛好沒有典型的特徵，就很難順利辨識。此外，在需要解剖的時候，也可能會遇到解剖失敗的情形，所以標本的個體數自然愈多愈好。有些人可能不喜歡捕捉多個同種的個體，希望將對該物種的衝

圖6-12　比較虛線處，可輕易看出光澤的差異。

擊降到最低，然而標本數愈多愈容易辨識，卻是不爭的事實。畢竟也有光
用雄性無法區比，而雌性又必須用顯微鏡才能辨別的情況，所以多抓幾隻
個體會很有幫助。

　　反過來說，這也意味著「只用一個物種且只有一個個體標本來鑑定種
名，難度非常高」。當然，如果是很好辨認或自己熟悉度很高的分類群，
那就沒有這個問題。

綠變色蜥的消化道內容物

雖然我的專長是蜘蛛，但我在自由工作者時代，曾在一個名叫「自然環境研究中心」的單位打工，工作的內容是「辨識綠變色蜥消化道內容物」。這個寶貴的經歷使我培養出了鑑定昆蟲的技術。

綠變色蜥（以下簡稱「變色蜥」）是一種原產於美國東南部的樹棲型蜥蜴。後來這種蜥蜴被人為引進沖繩和小笠原群島的父島、母島，在此落地生根，開始掠食或與當地原生生物競爭，對生態造成惡劣的影響。尤其是在小笠原群島，由於當地原本不存在樹棲型蜥蜴，因此變色蜥的入侵對當地生態造成極大的壓力，使許多昆蟲陷入滅絕的危機。而辨識被捕獲的變色蜥消化道內容物，就是外來種對環境破壞的研究之一環。

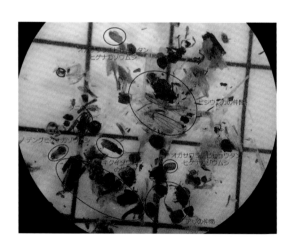

不同於直接捕捉到昆蟲，變色蜥消化道內的昆蟲身體都是支離破碎，或是外形極不完整，或是只有部分肢體，又或者發生變色，鑑定難度大幅提高。於是我只好來回比較在昆蟲相調查活動中採集到的參照標本，一個個去辨識「這張臉是凱納奧蟋」、「這條腿是頭管飛蝨」。而在累積愈來愈多經驗後，我開始能從散亂的鱗粉迅速辨認出這是蛾類，根據軀體在消化過程中分解的程度猜到「這應該是蠅類（外骨骼較薄，幾乎不會留下原型）」。

　　小笠原群島原生的跳蛛「*Icius rugosus*」（オガサワラハエトリ）是由我發表的新種，而我與這種跳蛛的初次邂逅，就是看到從變色蜥的消化管中取出的「顎」。我在看到這個顎的瞬間就立刻意識到「這種跳蛛不屬於任何已知種」，之後前往當地調查，才成功拜見到它的真容。

我與 *Icius rugosus* 的初次邂逅，是一隻被變色蜥吃掉的個體的顎。

　　辨識消化道內容物的工作非常有專家的感覺，而且我的技術也提升了很多，做起來非常愉快，不過知道的愈多，我就愈是感受到變色蜥對當地生態的威脅。

豔細蠅辨識挑戰

在辨識葉蜂時經歷一番苦戰後，我之所以還能繼續挑戰下去，都是多虧了那本收錄了眾多日本原生昆蟲的集大成版圖鑑。而且能用自己的母語閱讀，也幫我省下了不少工夫。並不是所有生物都有這樣的圖鑑可用。對於生物種類太多，或是研究還不成熟的群體，就沒有這樣的圖鑑。

而這些群體中，家族最大的當屬雙翅目（蒼蠅）家族。2014年出版的《日本產昆蟲目錄 第8卷 雙翅目》（暫譯，《日本産昆虫目録　第8巻　双翅目》，日本昆蟲目錄編輯委員會（編），2014）上就收錄了多達7658種，除此之外還存在很多未知種，甚至有人推測日本原生的總種數超過兩萬種（中村，2016），是個相當巨大的分類群。要製作一本「日本的雙翅目——網羅所有日本原生種」的圖鑑可謂難上加難。與其說現在還做不到，我倒認為這件事永遠都不可能。

那麼，有沒有一本範圍比「雙翅目」更小，但網羅了所有日本原生種的文獻呢？有的，例如在最近幾年出版的文獻之一「The Insects of Japan (IX), the family Sepsidae (Diptera)」（Iwasa, 2017）。這本文獻整理了所有豔細蠅科（Sepsidae）的蠅類。「The Insects of Japan」系列的各卷所整理的分類群，網羅了目前已知的各種日本原生昆蟲。其內容幾乎都用英文所寫，記述也比普通圖鑑更詳細，可供全世界的學者研究日本的豔細蠅（9卷）。

這種將某個特定分類群的分類學資訊進行全面性整理的文獻叫做「專著」。專著是某個時間點的分類學知識的集大成，是研究者心血的結晶。只要參照它們，即便像我這種非豔細蠅專家的人，也能挑戰辨識豔細蠅。由於豔細蠅是一種我們身邊相當常見的蠅類，所以我在學校也有抓到過。那麼馬上來辨識看看吧。

圖6-13

「The Insects of Japan」系列的最大優點，就是它擁有豐富的圖集，且卷末附有日語檢索表。所以我可以用手上的標本比較檢索表的項目。

首先從篩選屬名的檢索表開始。

1. | 體長大約在6.5mm以上，整體無光澤；腿節中央有凹陷（Fig. 88）
   ➡ *Toxopoda*

   體長為小型或中型，在6.5mm以下，除盾板和小盾板之外有光澤或略帶光澤；腿節中央無凹陷 ➡ 2

我用測微尺測量，發現我的標本體長約為4mm。且至少腹部有光澤。觀察中腳（圖6-14），腿節中央並沒有凹陷。

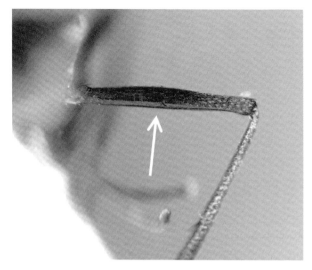

圖6-14

　　所以要走「2」。「Fig. 88」是這本文獻中的圖片編號。對敘述的內容感到疑惑時還有圖片可以參考，真的非常方便。

2.

翅膀的第一基室（br）和第二基室（bm）融合在一起（Fig. 11）；小盾板的長度與寬度相等，上半部表面平坦，且有一對很強的小盾板基部剛毛和一對小盾板尖端剛毛 ➡ *Saltella*

翅膀的第一基室和第二基室分離（Fig. 10），若融合的話（Fig. 11）則小盾板長度短於寬度，上半部表面略微凸起，有一對弱的小盾板基部剛毛和一對發達的小盾板尖端剛毛（Fig. 7） ➡ 3

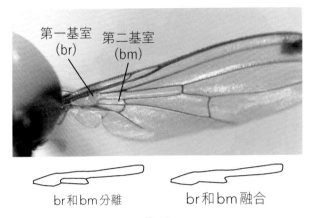

第一基室 (br)　第二基室 (bm)

br和bm分離　　　　br和bm融合

圖6-15

我在第一次知道時很是吃驚，原來昆蟲的翅脈和翅脈之間的區域基本上全都有專門的名稱。而我現在觀測的標本，第一基室和第二基室是「分離」的（圖6-15）。此時已可確定要走「3」的路線。小盾板的部分我們會在下個項目詳細說明，這裡先跳過不管。

3.　小盾板的長度大於一半寬度，有一對強小盾板基部剛毛和一對小盾板尖端剛毛（Fig. 23）；沒有後頭頂剛毛（pvt）➡ *Ortalischema* 屬

小盾板的長度小於一半寬度，有一對發達的小盾板基部剛毛，但小盾板基部剛毛極小或沒有（Fig. 44）；有後頭頂毛 ➡ 4

小盾板指的是位於胸部後方，如字面般形狀像一塊盾牌的部分（圖6-16）。實際測量手上標本的小盾板長度，發現比寬度的一半略短，且尖端雖有一對發達的剛毛，基部卻沒有剛毛。

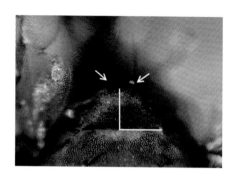

圖6-16

接著是頭部的剛毛。就跟翅膀一樣，雙翅目所有的主要剛毛都有專有名稱，讓我相當驚訝。這些又粗又硬的毛並非隨便亂長的，不同的種或屬都有自己特殊的生長規則。而我的標本「有」後頭頂剛毛（圖6-17），所以無疑要走「4」。

圖6-17

4. | 有外頭頂剛毛（vte）➡ *Themira* 屬
| 無外頭頂剛毛 ➡ 5

圖 6-18

　　為了仔細觀察圖鑑指示的部位，我將標本轉了各種不同角度來觀察。找到一個好的角度以清楚拍下該部位也花了我不少力氣。然後我確定我的標本「有」外頭頂剛毛（圖6-18），故可確定是 *Themira* 屬……然而，在這之後無論我多麼努力也無法取得更多進度。後來我突然靈光一閃，對照了一下這本圖鑑正文部分的英文檢索表……。

4.
| Outer vertical setae absent ➡ *Themira*
| Outer vertical setae present ➡ 5

　　日文檢索表的「有無」，跟英文檢索表的「absent-present」居然是相反的。原來是誤植！算了，偶爾也會遇到這種事。於是我改按英文版的檢索表前進到項目「5」。

5.
| 無肩剛毛（pprn）➡ 十毛豔細蠅屬 *Dechachaetophora*
| 有肩剛毛 ➡ 6

圖6-19

　　由圖6-19，可看出標本有肩剛毛，所以走「6」。

6.　｜ 額緣剛毛（or）發達 ➡ 烏豔細蠅屬 *Meroplius*

　　｜ 額緣剛毛不發達或只有些許痕跡 ➡ 7

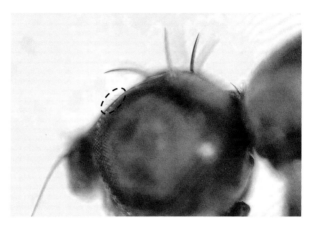

圖6-20

由圖6-20，從其他剛毛的狀態來判斷，我認為是「7」。

7.　｜ 雌性的前腳腿節尖端半側的前腹面有一列短剛毛（Figs. 104, 110），雄性
　　｜ 除前腳外整體的後腹面還有一列長度更長、間隔更廣的剛毛（Figs. 98,
　　｜ 99, 105, 106）➡ *Nemopoda* 屬

　　｜ 雌雄性的前腳腿節都沒有上述的短剛毛或長剛毛；雄性的前腳腿節腹
　　｜ 面有棘和短剛毛 ➡ 8

　　雄性的前腳腿節（圖6-21）是最能看出各種豔細蠅特徵的部分。因為我
的標本有刺或短剛毛，故走「8」。

　　看到這裡，是不是已經有人開始覺得想睡，或是想塵封本書了呢？請
不要擔心，會有這種反應很正常。因為我平常都在教小學生上課，所以很

圖6-21

能體會，人類的身上存在一種「聽人說話的體力（或閱讀文章的體力）」，而每當我們聽到一個「不認識的單詞或概念」，這個體力表就會減少一點，最後陷入「聽不進任何話」的狀態（我在聽保險或稅金相關的話題時就常常陷入這種狀態）。相反地，聽到好笑或讓我們感到好奇的事情，就能恢復「聽人說話的體力」，所以巧妙地在艱澀的話題中穿插笑話，聽眾會更容易保持專注。詐欺師應該很擅長這項技巧。在辨識陌生分類群的生物時，也常會碰到很多從未見過的名詞，讓人萌生「我已經再也不想碰這種生物」的念頭；所以若想順利完成鑑定，最好讓自己休息一下或隔天再繼續。不過本書的讀者這段可以看看就好。

　　繼續回到豔細蠅的話題。

8.
腹部背板不論雌雄性皆沒有強剛毛；雄性的生殖器上尾突起（surstyli）尖端分為兩瓣（Figs. 133, 134） ➡ 叉豔細蠅屬 *Dicraosepsis*

幾乎所有雄性腹部背板皆有強剛毛，雌性偶爾也可發現；雄性的生殖器上尾突起尖端沒有分叉 ➡ 9

圖6-22

　　由圖6-22，可看出腹部背板有一對強剛毛。我本想進一步檢查生殖器的特徵，但因擔心解剖失敗而破壞了其他特徵，故決定最後再來解剖。不過，在翻到叉豔細蠅屬的項目看到「必然沒有」這個敘述後，我判斷應該可以放心走「9」的路線。

9. 翅膀的第一基室和第二基室融合（Fig. 11） ➡ 澳豔細蠅屬 *Australosepsis*

翅膀的第一基室和第二基室分離（Fig. 10） ➡ 豔細蠅屬 *Sepsis*

　　如同在「2」確認過的，我的標本是分離的，所以可以確定是豔細蠅屬 *Sepsis*。這下總算先找出屬名了！

　　接下來，再使用豔細蠅屬的檢索表確定種名。

1.
| 翅膀的 R_{2+3} 脈尖端沒有暗斑紋 ➜ 2
| 翅膀的 R_{2+3} 脈尖端有暗斑紋 ➜ 5

圖6-23

圖6-23箭頭所指處即是 R_{2+3} 脈，其尖端有暗斑紋，所以走「5」。

5.
| 雄雄性的中、後腳腿節腹面有長毛（Fig. 205）；雌雄體的腹部背板皆無
| 強剛毛 ➜ 小鼓翅蠅
| 雄性的中、後腳腿節腹面無長毛；雄性的腹部背板總是長有強剛毛，
| 而雌性也經常可見強剛毛 ➜ 6

如圖6-14和圖6-22所見，此題要走「6」。假如敘述是「雌性的腹部背板沒有強剛毛」，那我們就走入死胡同了。

6. | 腹部背板至少前腹面有光澤（Fig. 256）➡ 7

| 腹部背板整體被白粉覆蓋 ➡ 8

圖6-24

由圖6-24的虛線處可見標本的腹部背板完全被白粉覆蓋，故走「8」。

8. | 背心有一對剛毛（dc）➡ 9

| 背心有兩對剛毛 ➡ 11

圖6-25

標本上只有看到一對（圖6-25）。但此時必須留意一點，假如是「有」特定特徵的話就無妨，但若是「沒有」的話，就必須考慮「原本有但是被破壞了」的可能性。而這裡我的標本就存在「背心剛毛脫落了」的可能性。此時只要仔細觀察體表，應能發現剛毛原本生長的毛孔。由於這此沒有發現毛孔，故走「9」。我們就快抵達終點了。

9.
雄性的生殖器上尾突起很細，尖端很尖，基部有向內的明顯突起（Fig. 185）➡ **雙角鼓翅蠅**（*Sepsis bicornuta*）

雄性的生殖器上尾突起略粗，尖端圓潤，基部並沒有向內的明顯突起 ➡ **10**

因為最終還是無法避免觀察生殖器，於是我慎重地切開標本取出生殖器，小心不要傷到其他部位。接著用氫氧化鈉水溶液處理，融解肉質部後放在顯微鏡下觀察（圖6-26）

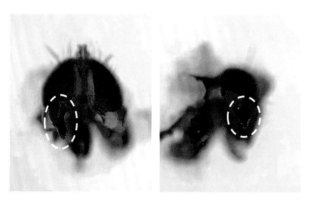

圖6-26

由於是我不熟悉的昆蟲，結果最後還是破壞了很多地方。這是很常遇到的情況，因此準備多一點標本會更令人安心。我比對了一下 Fig. 185的圖

片，確定我的標本的生殖器上尾突起一點也不「細」。還有，基部也沒有向內的明顯突起。因此要走「10」，終於來到最後一項。

10.
雄性的前腳腿節前基部剛毛很強（Fig. 227）；雄性生殖器的上尾突起尖端是銳利的三角形（Fig. 229）➡ 寬鋏豔細蠅

雄性的前腳腿節前基部剛毛較弱（Fig. 233）；雄性生殖器的上尾突起尖端較鈍（Fig. 235, 236）➡ 單痣豔細蠅

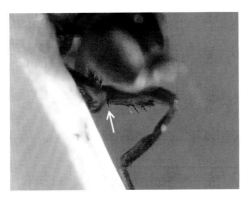

圖6-27

由圖6-27可見，標本的前腳腿節前基部剛毛很強，且由圖6-26可見，生殖器上尾突起的尖端是尖銳的三角形，所以可確定這個標本屬於寬鋏豔細蠅！圖6-21的前腳腿節腹面的刺和剛毛樣態也是重要特徵，因此我又對照了一下正文中的寬鋏豔細蠅的圖片，果然完全吻合。總算成功找出種名了！

野螟亞科辨識挑戰

相信看到這裡，你應該稍微了解檢索表的困難處了。也有些專業的圖鑑根本沒有提供檢索表。我記得自己小時候用圖鑑辨識昆蟲時，也是一個一個比對哪張圖片跟自己抓到的蟲比較像，用這種方式來尋找種名。一般人想像中的鑑定或許大多是這種形象。事實上，也有某些分類群確實是用整體印象，也就是「尋找看起來像的照片」這種方法來分類。

例如俗稱蝴蝶的鱗翅目。鱗翅目最大的特徵就是翅膀上的各種圖案，對於這類昆蟲，比起用文字檢索表一條條往下找，直接列出所有照片篩選候補會更快，所以大多圖鑑也採用這種方式分類。

然而，這種「尋找相似者」的方法也跟其他方法一樣，實際上要找出正確的種名比想像中要困難很多。這次我要使用《日本產蛾類標準圖鑑（IV）》（那須、廣渡、岸田（編），2013），鑑定「野螟亞科」這個家族。

很容易令人混淆的是，野螟在分類學上屬於「草螟科」，而不是「螟蛾科」，下面有非常多的種。非常粗略地說，只要在野外看到大小跟一元硬幣差不多，翅膀有點長，停下時翅膀會像斜屋頂般張開的蛾類，基本上大多屬於野螟家族，至少我起初是這麼認為的。蛾類專家聽了肯定會非常生氣，認為這種說法太過粗糙，但當時的我對野螟的認識僅止於它們長得很像小型的尺蛾（同樣有非常多種），對這兩者的區分點只有「尺蛾停下時翅膀大多會完全攤平，而野螟的翅膀位置比較高，看起來比較立體」。

野螟家族在幼蟲期大多會吐絲拉彎葉子來築巢，是有名的農業和園藝害蟲。譬如栽種回回蘇時常有的 *Ostrinia scapulalis*，以及栽種小葉黃楊常遇到的黃楊木蛾，都屬於野螟家族。而我在學校也抓到各種各樣的野螟，便決定用圖鑑找找看它們的名字。

圖6-28

　　那麼下面就來鑑定看看這種感覺相對比較好辨識的物種吧。首先，我用「繪合」的方式找了一下跟手中標本比較像的圖片和照片。一如我在p.70解說過的，用看圖比較的方式確定種名基本上是禁止的。因為在觀察力還未成熟時，絕大多數的結果都會是錯的。而這次的主題雖然流程也是看圖比較，但每次對照完後我一定會再閱讀文字說明檢查結果對不對。

　　《日本產蛾類標準圖鑑（Ⅳ）》關於野螟的部分長這個樣子。光野螟就有四個跨頁，而我得在這麼多圖片中找出跟手上標本相似的種。第一次看到時，我的內心不禁有股強烈的「壓倒性無力感」和「眼花撩亂感」。此時就算硬著頭皮一張張比對，也往往只會陷入「找不到」這個結果。因為要一邊在腦中描繪特定的顏色和圖樣，一邊尋找與之相同的東西，遠比想像中更需要高度的集中力，所以非常容易漏看。更別說要在腦中對不熟悉的事物建立「正確的形象」本身就不可能。結果只能用朦朧模糊的概念去尋找。

　　那到底該怎麼辦才好呢？我自己的解決方法是先「將斑紋語言化」，

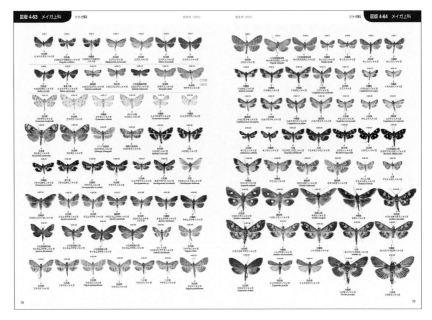

圖6-29

然後再來尋找符合描敘者。例如，我現在手上的標本是「整體由暗褐色和黃白色兩種色調組成」、「前翅的黃白色部分為大小不一的點斑」、「後翅的黃白色部分面積較大，左翅的形狀像北美洲」。

　　儘管不能排除我的標本恰好偏離圖鑑記載之典型個體特徵的可能性，但總之我先用這個方法進行「人力檢索」。結果，檢索速度比用「視覺形象」檢索快了不少，非常快地就篩選出了候選對象。感覺「*Eurrhyparodes accessalis*」相當符合剛剛的描述。找出候選後，我一定會閱讀該物種的文字解說，檢查其斑紋、大小、地理分布、出現時期等資料。接著我還會閱讀近緣種的項目，確定不是其他近緣種後，我才確信「應該是*Eurrhyparodes accessalis*沒錯」。

圖6-30

接下來是這隻。因為乍看之下很有多相似的候選，所以依然先進行語言化。「白色的紋路從前翅延伸到後翅，像一條肩帶」、「前翅在肩帶的外側前緣也有長條白紋」、「這個標本的暗部鱗粉可能有被磨掉一點，故顏色看起來偏淡」。

我的辨識結果公布在p.164，請大家也自己到圖書館找本圖鑑自己思考看看。

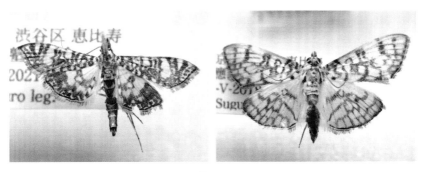

圖6-31

接下來是這隻。跟前兩隻比起來更難了對吧。這兩隻的翅膀都是白底網紋，但仔細看可以發現許多不同，因此還是先進行語言化。同時比較兩種用彼此當基準，做起來會更容易。

左	右
「前翅較細，末端較尖」、「網紋較粗」、「後翅外側的紋路有『暈開』」	「網紋較細」、「前翅基部前緣有小三角形，基部後緣則有點狀暗斑」、「幾乎沒有『暈開』的部分」

　　我對這題的辨識結果同樣放在p.164，請大家也自己嘗試看看。

　　再強調一次，這個作業充其量只是「做記號」的階段，之後務必要閱讀解說再次確認標本的特徵，再來判斷種名。之所以堅持先做語言化，其中一個目的也是為了「鍛鍊自己的觀察力」，就跟我們在第二章做過的一樣。我希望藉著重複練習加快自己辨識出所有蛾類的速度。這就好像比起「背下13 × 59的答案」，「記住怎麼做乘法」才更有助於解決各種算術問題。雖然找出眼前一個個標本的種名是最直接的動力，但與此同時，我也想提升可普遍適用於所有蛾類的辨識技術。

《大家一起做 日本產蛾類圖鑑》

　　現在人們只要上網就能查到各種生物的資訊。以蛾類來說，由日本國立科學博物館的神保宇嗣先生等三位專家營運的《大家一起做 日本產蛾類圖鑑》（《みんなで作る 日本産蛾類図鑑》）網站上，就能找到由眾多愛好者拍攝、辨識，數量龐大的蛾類照片。基本上我自己也會在辨識完成後到該網

站上找找看有沒有該物種的照片。

　　一如我在p.128說過，網路上的圖片鑑定並不可靠，該網站上的照片也同樣不應當成「辨識的佐證」。不過，你可以把它們當成「他人的意見」來參考，或是利用它們來看看個體變異的範圍有多大。例如，如果在「大家一起做」網站上搜尋自己辨識出來的種名後，發現大家上傳的照片跟自己的標本差異很大，就應該考慮再重新辨識一遍。

　　當然，相信會在該網站上傳照片的人應該大多比我更了解蛾類，值得尊敬，但畢竟我的辨識結果要出版成書，所以還是應該以圖鑑、論文、研究報告等「出版物」當成辨識根據比較妥當。因為一個人的辨識錯誤，將會誤導其他很多讀到該結果的人。

更難辨識的蛾類一族

　　由於我完全不是蛾類專家，對蛾類的了解不多，辨識過的種
數也很少，可即便像我這種經驗不多的新手，也有「能大致區分
出來的類群」和「光看到圖鑑上的圖片就會暈倒的類群」之分。
我認為前幾節介紹的野螟還算是「有各種不同紋路，容易區分差
異的類群」（這只是我根據自己淺薄認識的感想，在深入研究過的專家看來可
能又不一樣）。

　　這些「看了就讓人暈倒的類群」包含「夜蛾科」、「姬尺蛾亞
科」、「小捲蛾亞科」等等，其中一種我最近研究過的則是「青尺
蛾亞科」家族。青尺蛾是一種身體多呈「千草色」或「淺綠
色」，非常「和風」的碧綠色的尺蛾總科家族成員。如果你以為
「綠色的尺蛾一定很好辨認」的話，那就大錯特錯了。翻開《日

本產蛾類標準圖鑑（I）》，你馬上就會感到頭暈目眩。

　　唔哇，這下麻煩了。這是我腦中浮現的第一個念頭。不過要做的事情還是一樣，所以我就努力試著「將手上標本的特徵語言化」，然後「打上記號閱讀各候選種的解說」，重複此工作。但其中甚至還有不解剖觀察生殖器官就無法鑑定的種類。完全不符合「蝴蝶和蛾可以用翅膀紋路辨別，比較容易辨識」的原則。

　　順帶一提，我不太確定這本圖鑑關於蛾類的部分有沒有錯誤之處，把它拿給一位研究蛾類的朋友綿引大祐先生看時，他是這麼對我說的：「雖然夜蛾科超難鑑定，不過青尺蛾在我看來沒有那麼難，我稍微看了一下圖鑑，看起來作者已經替它們分好組了。你有沒有這種感覺？」。而我的回答是：「不，鬼才看得出來」。

Daisuke Watabiki 昨天

另外我對野螟的印象是「儘管斑紋都很清楚容易分辨，但個體變異卻很大，鑑定起來超麻煩」。例如 *Conogethes punctiferalis*、*Conogethes pinicolalis*、*Conogethes parvipunctalis* 這三個種，我在大量採集反覆比較後，還是完全搞不懂它們的種界線在哪裡（笑）。而且野螟的近緣種很多生殖器幾乎看不出區別。

實際上，野螟在日本國內好像還有很多隱存種。就最近發現的來說，日本原生的四斑肋野螟蛾就包含了一個隱存種，不久前才發表新種（Matsui & Naka, 2021）。

我會覺得很難鑑定，可能是因為我認為人類在分類學上對野螟的了解還不夠清楚吧？

綿引先生對我認為「野螟還算好辨認」這句話的回應。我很慶幸能有個可以輕鬆請教這些話題的朋友。不過實際見面時，我們之間一半的話題都是低俗的互罵。

所有已知物種的清單、目錄

　　隨著採集的昆蟲種類愈來愈多，我也愈常遇到「不屬於圖鑑上任何一個類群」的物種。除了前面稍微提過的雙翅目外，其他像是小型蜂類的辨識也相當辛苦。一般人最容易想到的虎頭蜂和蜜蜂等昆蟲，在整個膜翅目中算是「非常巨大」的種類，除了它們之外，我們身邊還有無數以mm為單位甚至小於1mm的超小型蜂類。這些基本上都是會寄生在其他昆蟲的身體或卵內的「寄生蜂」，它們的種類非常繁多，加上體型又十分微小，因此人類對它們的研究還相當不成熟。

圖6-32

　　而我抓過這種蜂類。那是一隻只有1mm多一點，微小但顏色非常美麗的蜂類。我在網路上找了一下它的資料，發現某個網站上有張與它很像的圖片，並介紹說這是「姬小蜂科下的 *Closterocerus* 屬的一種」。盡信書不如無書，所以我又查了一下有介紹這個屬，或是附有姬小蜂科全屬檢索表的分類學文獻，仔細地確認了它的特徵。然後，假設它身上真的具有類似 *Closterocerus* 的特徵，之後要進一步調查種名時，就必須再進一步了解日本至今為止發現的所有屬於 *Closterocerus* 的種。然而，寄生蜂家族的種數相當龐大，根本沒有圖鑑能全部收錄。所以這個時候就需要另一個強大的好朋

第 6 章　　沒有盡頭的辨識荒野　　161

友——「目錄」。

　　這裡說的目錄不是書的目錄，而是像《日本昆蟲目錄》這種，收錄了目錄出版時所有已知物種種名的文獻。

圖6-33　載自《日本昆蟲目錄》9卷 第2部

　　如果要查的是圖鑑沒有的類群自不用說，即便是圖鑑已有記載的類群，除非圖鑑上已網羅了所有的種，否則目錄就有參考的價值，讓你知道是不是還存在其他圖鑑上沒有的已知種。在《日本昆蟲目錄》系列中，還提供了有關該物種的文獻資訊，讓你在研究圖鑑上沒有收錄的物種知道該從哪裡查起。有時你會在翻過一本本文獻、一個種一個種對照過後才找到答案，有時也可能得出「這不屬於任何一個已知物種」的結論。假如不只是日本，你發現自己找到的個體不屬於全世界任何一個已知種，那代表你手上的是一個「未紀錄種」，有發表新種（p.115）的價值。

　　以我專攻的蜘蛛來說，p.116介紹的「World Spider Catalog」網站就有

提供即時更新的網路目錄，且還有各種文獻的pdf檔可下載，是一個研究資源非常豐富的分類群。

沒 有 盡 頭 的 物 種 辨 識 荒 野

就這樣，我依靠各種專業圖鑑、論文、目錄、專著一個種一個種地辨識，不知不覺間六年來已鑑定了超過八百種之多。種的辨識並不是隨便翻翻圖鑑就能找到答案的輕鬆工作。有時面對不熟悉的類群或辨識難度高的類群，光是辨識一個種就要花上好幾個小時，也常常有花了幾個小時後仍什麼收穫都沒有的情形。

即使如此，我還是戒不掉辨識生物的嗜好，只要一有空檔，我就會跑去辨識生物，這大概是因為我的身體已經記住了辨識出種名時的快感。人生苦短，即便只限於校園內的昆蟲，恐怕也無法解開它們全部的奧祕。但是，每辨識出一個新種，我對這顆行星的自然環境就多了一分了解，所以即便一個一個的物種都只是一小塊碎片，還是能讓我有「今天也度過了充實的一天」的感覺，在奇妙的滿足感中墜入夢鄉（即便其他事情都做得很爛）。也許辨識生物對我來說，像一種鴉片。

在辨識的時候，圖鑑就像是神明一樣偉大的存在。即便是我所研究的校園昆蟲，也同樣可分成完全無從查起的類群，以及大部分採集到的個體都能鑑定出來的類群，而後者正是「有優秀圖鑑可查的類群」。要鑑定沒有出版相關圖鑑或專著的類群，必須去研讀很多不同的文獻，想當然得花費很多力氣和時間。即使如此，只要有目錄的話，就能大幅降低調查難度。

圖鑑、專著、目錄這種總括性的文獻，就像登山道或荒野中的車轍。如果沒有它們，我們就無從找出數量龐大的生物的真名。就好像面對一片從未有人涉足的巨大荒山或漫無邊際的荒涼原野，不知道該如何前進。正因為有那些勇於從零挑戰荒山和原野，花費漫長時間研究調查，替我們開闢道路的先賢，生活在現代的我們才能深入這片名為辨識的深山和荒野。

　　日本得益於分明的四季、南北狹長的國土、以及有高有低的地形，擁有多元多樣的環境，儘管面積不算很大，卻有著相當豐富的生物多樣性。同時，日本也是一個專業圖鑑非常充實的國家。多虧了這些充實的圖鑑，居住在日本的生物愛好者，才能盡情享受鑑定身邊各種生物的樂趣。

　　我認為辨識是一種「因為我們活在這世上」才能享受的至高娛樂。而且我們就算用盡一輩子的時間也不可能踏遍深山或荒野。正因為沒有盡頭，我們可以不斷「認識新的生物」直到老死為止，未來我也打算繼續盡情享受這項樂趣。十年後的我、二十年後的我、三十年後的我……如果我能活到那麼久的話，不知道他們還會認識哪些現在的我所不認識的生物呢？相反地，為了不讓過去的自己失望，我也要繼續好好活著，努力提升自我才行。

野螟的辨識結果
第二種：我判斷是甜菜白帶野螟。
第三種：我判斷是 *Glyphodes onycinalis*
第四種：光看圖片我只知道是 *Haritalodes* 屬，但判斷不出究竟是 *Haritalodes derogata* 還是 *Haritalodes basipunctalis*。讀過解說後仔細比較標本，從體型大小、後翅的亞外緣線較細並呈鋸齒狀的特徵來看，我判斷是 *Haritalodes derogata*。

参考文献

Cooke J. & Leishman M. R. 2012. Tradeoffs between foliar silicon and carbon-based defences: evidence from vegetation communities of contrasting soil types. Oikos, 121: 2052–2060.

Iwasa M. 2017. The Insects of Japan (IX), the family Sepsidae (Diptera). Touka Shobo.

Tanikawa A. & Miyashita T. 2014. Discovery of a cryptic species of Heptathela from the northernmost part of Okinawajima Is., Southwest Japan, as revealed by mitochondrial and nuclear DNA. Acta Arachnologica, 63: 65–72.

Zhong Y., Li Z. & Wei M. 2017. Key to the species of the Pachyprotasis rapae group (Hymenoptera: Tenthredinidae) in China with descriptions of four new species. Entomotaxonomia, 39: 140–162.

浅原正和 . 2017.「Variation」の訳語として「変異」が使えなくなるかもしれない問題について：日本遺伝学会の新用語集における問題点 . 哺乳類科学 , 57: 387–390.

石川忠・高井幹夫・安永智秀（編）. 2012. 日本原色カメムシ図鑑 第 3 巻 . 全国農村教育協会 .

桶川修・大作晃一 . 2020. くらべてわかる シダ . 山と溪谷社 .

岸田泰則（編）. 2011. 日本産蛾類標準図鑑 (I) . 学研 .

北川淑子 . 2007. シダハンドブック . 文一総合出版 .

熊澤辰徳 . 2016. 趣味からはじめる昆虫学 . オーム社 .

須黒達巳 . 2017. ハエトリグモハンドブック . 文一総合出版 .

内藤親彦・篠原明彦・原秀穂・伊藤ふくお . 2020. 日本産ハバチ・キバチ類図鑑 . 北海道大学出版会 .

中村剛之 . 2016.『日本昆虫目録 第 8 巻 双翅目』の出版と日本産双翅目相の解明度について . 昆蟲（ニューシリーズ）, 19: 22–30.

那須義次・広渡俊哉・岸田泰則（編）. 2013. 日本産蛾類標準図鑑 (IV) . 学研 .

日本遺伝学会（監修・編）. 2017. 遺伝単 . エヌ・ティー・エス .

藤木庄五郎・龍野瑞甫 . 2021. モバイル端末を用いた生物多様性モニタリング手法開発に向けた市民科学の実践 . 日本生態学会誌 , 71: 85–90.

吉田浩史 . 2006. 大阪府のハバチ・キバチ類 . 西日本ハチ研究会 .

　　最後，我想介紹幾本我自己經常用到，而且設計上對使用者比較友好的「私房圖鑑」。

くらべてわかる 昆虫 <small>(暫譯為：比比看系列 昆蟲)</small>

永幡嘉之、山と溪谷社、2017年

與第三章所用的《比比看系列 蕨類》出自同一書系。雖然很大本，但不會讓人感到沉重。頁數有限，卻囊括了很多種昆蟲，不是專業圖鑑，而是一本「入門級」的圖鑑。專為「不熟悉昆蟲的人」設計的內文編排很值得推薦。全書大致分為「生活周遭的昆蟲」、「近郊的昆蟲」、「罕見的昆蟲」三個部分，其中「生活周遭的昆蟲」又分成了「橘色的蝴蝶」和「家庭菜園常見的蟲」等契合初學者認識的分類法。這正是我在本書主張的編輯方針。開頭的「最常被人問到的昆蟲」也是作者依自己在昆蟲館工作的經驗編寫的優秀單元。對於「想研究昆蟲，但連哪隻蟲屬於哪個家族都搞不清楚」的讀者，我推薦各位用這本書當作起點，對昆蟲建立大概的認識。

色で見分け 五感で楽しむ 野草図鑑 <small>(暫譯為：用顏色辨別 用五感享受 野草圖鑑)</small>

高橋修、ナツメ社、2014年

這也是一本入門級的圖鑑。植物的種類跟動物一樣有千百萬種，而這本圖鑑收錄的種類恰到好處，記載了很多可在公園等日常環境中可見的野草。編排順序也如同書名所示，是按照「花色」和「季節」，所以任何人都能用開花月份和花色來查找相關資料。各種解說的篇幅也恰到好處，簡短卻不忘介紹近似種，對於想學習「辨別」的讀者來說相當好用。另外「摸摸看」、「畫畫看」等「用五感享受」的觀察單元，實際做起來也充滿了發現的樂趣，是很適合帶小孩一起觀察的圖鑑。

やさしい 日本の淡水プランクトン 図解ハンドブック 改訂版

（暫譯為：簡明 日本的淡水浮游生物 圖解手冊 改訂版）　一瀬諭・若林徹哉（監）、合同出版、2008年

這是我在書店物色可在此專欄介紹的非昆蟲類優秀圖鑑時所發現
的書，是一本非常「有愛」的圖鑑。一如其宣傳語「小學生也看
得懂」，本書的內容完全針對兒童讀者設計。人類在成長過程中
最先學會的區分事物的方式就是顏色、形狀、以及會不會動。而
本書的解說文字相當平易近人，描述形狀時也是使用「一條長的
和一條短的」、「像草莓的形狀」等小孩子容易理解的用詞。很
多圖鑑都喜歡使用「楔形」這種名詞，而本書還特地用插圖告訴
讀者什麼是「楔子」，多麼親切啊！相信大多數人應該都沒用過
楔子這種東西吧。本書處處可以感覺到製作團隊對讀者和浮游生
物的深刻愛情，令人不禁紅了眼眶。另外，這本書也完全足以給
大人使用。

ネイチャーガイド 日本の水生昆虫（暫譯為：大自然導讀 日本的水生昆蟲）

中島淳・林成多・石田和男・北野忠・吉富博之、文一總合出版、2020年

「大自然導讀」系列是一本比同出版社的「手冊」系列更加進階
一點，針對中級讀者的書系，是一本全力為該等級的讀者打造的
圖鑑。首先，本書網羅了日本所有已記錄的485個真水生甲蟲、椿
象種和亞種中的480種，覆蓋率相當高。此外還收錄了許多可讓人
認識該物種之美的美麗照片。其次，本書還有甚至可用於學術鑑
定的充實解說，CP值非比尋常，引述圈內知名的某Twitter帳號的
評論，這本圖鑑賣這個價格幾乎是「實質白送」。現在全世界的
水生昆蟲都因為棲息環境的破壞而面臨嚴峻狀況，而本書是研究水生昆蟲的學者、愛好者同好
會全力以赴，能讓讀者感受到這個現況的力作。

原色 日本甲虫図鑑 （暫譯為：原色 日本甲蟲圖鑑）　　保育社

雖然已經是三十多年前出版的書籍，不過直到今天依然被第一線
的專家們所採用，是「要辨識甲蟲的話首推這本書」的傳說級圖
鑑。本書將各種甲蟲分門別類，一共分成四卷，第一卷是總論。
圈內甚至有人直接將這本圖鑑的第三卷中收錄的昆蟲俗稱「三卷
蟲」，足見此圖鑑的知名度。由於甲蟲的種數很多，不可能光靠
一套圖鑑辨識完所有的種，但我抓過的蟲絕大部分這本圖鑑上都
有記載。能抓到「『原色』上沒有的蟲」或「被『原色』歸類為
罕見的蟲」更是一件令人高興的事。儘管在此圖鑑出版後，市面

上又出版了好幾本針對特定幾個科的新圖鑑，但要論最全面性的甲蟲圖鑑，基本上還是最推薦
『原色』。總之這是一本很厲害的圖鑑（雖然現在已經絕版了）。

図説 日本のユスリカ （暫譯為：圖說 日本的搖蚊）

日本ユスリカ協会（編）、文一総合出版、2010年

很像蚊子但又不是蚊子的「搖蚊科」圖鑑。假如你在黃昏時的水邊
或原野上看到成群的「蚊柱」，那通常不是搖蚊就是蠓。搖蚊的幼
蟲會棲息在各種水域，我們的生活周遭也棲息著數種搖蚊，一旦你
試著去鑑定它們，就會發現日常生活中棲息著不少諸如 *Cricotopus
bicinctus* 等搖蚊家族的成員，並開始去「留意」那些平時視而不見的
小飛蟲。你的生活品質將確實得到提升。儘管如今生物鑑定愈來愈
依賴顯微鏡，但在發現自己的標本跟圖鑑上的生殖器圖片吻合的那
瞬間，你將獲得難以言喻的滿足感。

羽根 識別マニュアル （暫譯為：羽毛識別教本）

藤井幹、文一総合出版、2020年

日本的賞鳥人數量眾多，所以市面上也出版了很多圖鑑，而本書則
把主題聚焦在「單根羽毛」上，是一本讓我忍不住驚呼「一根羽毛
居然能看出這麼多東西嗎!?」的圖鑑。內容大致分成三個部分：首
先用第一部分的檢索表篩選候選物種，接著再用第二部分的圖鑑對
照書中收錄的大量照片，確定種名。我在前面提過，我認為一本圖
鑑的照片並非愈多愈好，太多的話反而會讓初學者不知道該從何看
起；但相反地對中等程度以上「不會迷惘的使用者」來說，大量圖

片反而能提供豐富的樣本。最後一部分則介紹如何用顯微鏡進行辨識，可以讓你認識到野鳥觀察不一樣的一面。而且野鳥通常不允許捕捉，但自然脫落的羽毛卻可以搜集。^(註2)

日本産有剣ハチ類図鑑（暫譯為：日本產有針蜂類圖鑑）

寺山守・須田博久（編著）、東海大学出版部、2016年

在學術等級中，這本算是日本國內最頂尖的專門書。「有針類」指的是帶有毒針的「一般人最熟知的蜂類」。本書收錄了除其他全面性圖鑑常見的螞蟻和蜜蜂類外，所有日本原生（已知種）的847種膜翅目昆蟲，且附有完整的檢索表和解說文。只要仔細閱讀本圖鑑，基本所有日本可抓到的有針蜂類都能鑑定出來。我在學校抓到的昆蟲中有49種就是用本書辨識的，由此可見我們的身邊居住著種類豐富的蜂類。最重要的是蜂類的外形都很帥氣！你可以透過本圖鑑上美麗的標本照片盡情欣賞蜂類的魅力。。

其實還有很多想推薦的圖鑑……但暫時只介紹到這邊！

番外篇

仏像イラストレーターが作った 仏像ハンドブック（暫譯為：佛像插畫家製作的佛像手冊）

田中ひろみ、ウェッジ、2020年

能享受鑑定樂趣的不只有生物這種自然物。人類創造的各種文化產物中，也有很多值得辨識的東西。譬如你知道如何區分如來、菩薩、天部、以及明王嗎？一旦認識了佛像的姿勢、表情、手印、配件等各種「關鍵形質」，以及它們具有的意義後，就會在寺廟看到截然不同的世界。人造物的鑑定說不定也帶給你一些關於生物辨識的啟發。不過在「觀察」時，也別忘了佛像始終是「信仰的對象」喔。當然也不可以採集。

---

2 台灣的野生動物保育法規定，保育類動物的任何一個部位都不能持有，所以也不能亂撿羽毛蒐藏，剛好撿到保育類鳥類的羽毛會有觸法疑慮。

後記

　　這世界存在一種我個人稱之為「迪士尼樂園狀態」的現象。

　　因為教師的工作，我常有機會在校外教學時去爬山，而每次我都會對一個現象感到很不可思議。我任教的學校非常重視培養孩子的體能，學生們每天都會做很多運動，基本上每個人的身體都很健康。然而，每次去爬山時，大部分的孩子都兩、三下就開始喊累。而且不只是小孩，就連平常運動量比我大得多的同事也都爬得很辛苦。當然基礎體力和腿部的肌力也有影響，但我卻常常看到體力看起來一點都不會輸給我的人，在爬山時遠遠落後於我。

　　或許「爬山的方式」這種技術面多少也有影響。走在斜坡和柔軟的土壤上的踏步方式，以及如何挑選好走的平面，這些技巧可能也會影響爬山時的體力消耗。

　　然而，有些時候體力和技術的落差看起來一點也不像是問題所在。比如我陪我老婆去逛街或是去迪士尼樂園玩的時候。跟爬山的時候相反，逛街和去迪士尼時，每次都是我先開始感到疲累，而我老婆卻還生龍活虎。回想起來，不只是跟我老婆，以前在學生時代（雖然也沒去過幾次）跟管弦樂社的夥伴一起去迪士尼樂園時，絕大多數的女生也都像是有用不完的體力。

　　相信很多讀者應該也都有類似的經驗才對。在這些場合，造成這種差異的原因十之八九不是體力，而且應該也不是因為那些女生學過「逛迪士尼不會累的走路方式」。不，雖然可能也包含了一點點那樣的因素，但我想最大的原因還是「她們很樂在其中」。如果是家裡有

小孩的人，相信都曾過這樣的經驗：有些時候小孩子會活潑得令人納悶「為什麼小孩子可以無時無刻都這麼有精神」，但在另一些時候卻又兩、三下就喊累，或是頻頻跟大人抱怨「我想回家」。

我認為這是因為人類的心靈和身體密切相關，在我們感到快樂和感到無聊時，疲倦的速度和體能表現會出現很大的差異。換言之，我在爬山的時候是處於快樂得不得了的「迪士尼樂園狀態」。

至於爬山的樂趣何在？這又是個很難用言語解釋的問題。不過我認為這應該是因為我認識很多生物的名字，所以多了很多「發現」的樂趣。當你對生物沒有什麼認識時，這個世界看起來是混雜一片；不過認識了愈來愈多生物後，在山上走著走著就會發現「啊，這是擬網後蛛」、「那是白矩朱蛺蝶」、「那個雖然不認識，但是以前沒見過的生物」，而我最近還多認識了蕨類植物，隨著能「發現」的事物愈來愈多，爬起山來也就愈發快樂。

除此之外，在發現生物時產生的「啊，我喜歡這隻」、「這隻很少見」、「那隻我早就想親眼看看了」、「那隻是某某在研究的」等感想也是一種樂趣。打個比方，這就像熟悉建築學的人到外國城市去旅遊時，可以看到很多我根本不會察覺的事物，並從中發現樂趣一樣。知道的愈多，世界也就愈豐富，愈是充滿樂趣。而我認為這正是我們接受教育的意義。

我們在第三章稍微聊到了AI鑑定的話題。在不遠的未來，辨識生物的種名或許會變成「機器可以瞬間完成的作業」也說不定。在學術界，現在除了圖像分析之外，也非常流行DNA鑑定。只要從生物的身體抽取一部分DNA，然後分析其鹼基序列輸入資料庫進行比對，如果是已登錄的生物，就能瞬間查出其種名。這種鑑定法俗稱「DNA條

碼」，現在甚至不需要生物體，用池水或排泄物、組織切片上的DNA，也就是「環境DNA」也能分析。換言之，不用捕捉生物或實際看到它們長什麼樣子，也能知道一個池塘裡棲息著哪些生物。

等這些技術愈來愈發達後，人力辨識的技術是否會失去存在的意義呢？說不定未來有一天學術界將再也不需要辨識學。

不過，就算真的迎來那樣的時代，我大概還是會用自己的五感來辨識生物。因為我不想失去在野外靠自己的力量、只依賴自己的知識和感官，逐一找出各種生物叫什麼名字的喜悅。這種行為能讓我感覺到自我的成長，以及發揮自我存在的價值。假如未來有天世界再也不需要人類的辨識技術，靠攜帶式裝置就能解決一切問題，那麼反過來說，能用人力完成同樣工作的人不也算是「擁有跟AI同等級技能的超人」，有點讓人自豪嗎。同樣地，我也不會放棄努力翻閱圖鑑和論文來辨識生物。因為我也不想失去在付出努力後查到種名，順著前人研究的軌跡摸索的喜悅。

由林奈所命名的 *Dorcus parallelipipedus*。
於英國牛津。

過去我在歐洲採集昆蟲的時候，常常遇到由分類學之父卡爾・林奈在命名學元年（人類開始用現代學名為生物命名的那年）的1758年命名的

昆蟲。一想到那隻昆蟲連結了生活在現代的自己跟 250 年前「辨識」並「命名」了它的林奈，就不禁對它感到憐愛。

鋼琴的自動彈奏技術再怎麼進步，彈鋼琴的人也不會消失；現代的印刷和平面設計技術如此發達，書法家也沒有失去價值，反而更加光輝奪目。生物辨識也一樣，即便在田野調查和研究等學術場域人力被機器取代，相信這世界的某個角落，也會把我現在沉迷的「徒手辨識法」傳承下去。

我不知道這種書的閱讀價值還能維持多少年（希望至少能維持個三年），也不知道我的觀念是會被人嘲笑「老古董」，抑或會經歷一次文藝復興重新受到重視……。雖然我想是前者的機率比較高，但身為一位 2021 年時滿 32 歲的生物辨識愛好者，我決定為自己的對自然觀察和鑑定的心得留下紀錄，寫成這本書。

假如你對本書的內容感到「不能接受」或「沒有同感」，有機會的話請務必也站出來發表你的聲音。因為深化世人對辨識和圖鑑的討論，讓更多人出來集思廣益，正是本書最大的目的。

最後，我想借點篇幅向各位介紹在我執筆本書的期間給予我諸多幫助的人們。小田谷嘉彌先生、小野廣樹先生、鈴木佑彌先生、綿引大祐先生、宮本通先生，感謝你們為本書原稿提供了寶貴的建議。永野裕先生、吉田攻一郎先生，以及前面提到的小田谷先生和鈴木先生，感謝這幾位為本書提供了內文講解不可或缺的美麗照片。後藤寬貴先生、橫塚真己人，感謝兩位答應第二章專欄的訪問取材。國末孝弘先生，以及本書提及的各種圖鑑的版權方，感謝他們同意本書刊載其網站和圖鑑的截圖。

我能在本書討論這麼多在我專長領域外的題材，能將腦中的想法

好好整理表達給讀者，以及能完成光靠我一人的文章完全不可能實現的美麗排版，全都要感謝上述諸位前賢的大力協助。敝人在此由衷致謝。

2021年11月　須黒達巳

國家圖書館出版品預行編目 (CIP) 資料

日本生物學專家的物種辨識技巧大解密！：培養
觀察眼，逐步探索圖鑑與生物鑑定的世界 / 須
黒達巳著；陳識中譯. -- 初版. -- 臺北市：臺
灣東販股份有限公司, 2022.09
175 面；14.8×21 公分
ISBN 978-626-329-420-2(平裝)

1.CST: 生命科學 2.CST: 生物

361   111012385

ZUKAN WO MITEMO NAMAE GA
WAKARANAINOWA NAZEKA ？
© TATSUMI SUGURO 2021
Originally published in Japan in 2021
by BERET PUBLISHING CO., TOKYO.
Traditional Chinese translation rights arranged with
BERET PUBLISHING CO., LTD., TOKYO,
through TOHAN CORPORATION, TOKYO.

日文版STAFF

DTP	スタジオ・ポストエイジ
校正	曽根信寿
內文設計	窪田実莉

日本生物學專家的
物種辨識技巧大解密！
培養觀察眼，逐步探索圖鑑與生物鑑定的世界

2022 年 9 月 1 日　初版第一刷發行

作　　　者　須黒達巳
譯　　　者　陳識中
編　　　輯　魏紫庭
美 術 編 輯　黃郁琇
發 行 人　南部裕
發 行 所　台灣東販股份有限公司
　　　　　　＜地址＞台北市南京東路4段130號2F-1
　　　　　　＜電話＞(02)2577-8878
　　　　　　＜傳真＞(02)2577-8896
　　　　　　＜網址＞www.tohan.com.tw
郵 撥 帳 號　1405049-4
法 律 顧 問　蕭雄淋律師
總 經 銷　聯合發行股份有限公司
　　　　　　＜電話＞(02)2917-8022